ESSAI

SUR LES

RECHERCHES DE HOUILLE

DANS LE NORD DE LA FRANCE.

PARIS. — IMPRIMERIE DE FAIN ET THUNOT,
IMPRIMEURS DE L'UNIVERSITÉ ROYALE DE FRANCE,
Rue Racine, n. 28, près de l'Odéon.

ESSAI

SUR LES

RECHERCHES DE HOUILLE

DANS LE NORD DE LA FRANCE;

Par M. A. DU SOUICH,

INGÉNIEUR AU CORPS ROYAL DES MINES.

PARIS.

CARILIAN-GOEURY et Vᴿ DALMONT,

LIBRAIRES DES CORPS ROYAUX DES PONTS ET CHAUSSÉES ET DES MINES,

Quai des Augustins, nᵒˢ 39 et 41;

ET A ARRAS, CHEZ TOPINO.

1839.

ESSAI

SUR LES

RECHERCHES DE HOUILLE

DANS LE NORD DE LA FRANCE.

INTRODUCTION.

Beaucoup de compagnies se sont formées depuis quelque temps pour la recherche de la houille dans les départements du Nord , du Pas-de-Calais et de la Somme.

Un grand nombre de travaux ont été entrepris. Quelques-uns , placés dans les conditions les plus favorables , entre les limites que l'on pouvait assigner *à priori* au bassin de Valenciennes , à proximité des exploitations dans lesquelles étaient connues toutes les allures des couches , ont été couronnées d'un succès complet. Ils ont servi à faire reconnaître le prolongement de faisceaux déjà exploités.

D'autres moins heureux ne sont encore parvenus à aucun résultat ; mais leur position est telle qu'on peut concevoir des espérances fondées.

D'autres enfin , placés dans des conditions bien moins avantageuses , à une certaine distance des points connus , sont pourtant des travaux rationnels ; parce qu'ils reposent sur des considérations solides ; mais la solution des questions qu'ils ont pour but d'éclairer, demande une grande sagesse et une grande persévérance.

A côté de ces utiles travaux, il en est qu'on ne peut s'empêcher de condamner *à priori*, parce qu'ils ne sont fondés sur rien. Entrepris au hasard, au delà des limites reconnues à la formation houillère, au delà de celles que l'on peut présumer, ils ne peuvent raisonnablement point faire espérer le succès. On a peine à voir dépenser dans ces folles spéculations tant de capitaux qui pourraient être si convenablement employés ailleurs.

Fautes commises dans les recherches. Bien des fautes ont été commises même dans les entreprises les plus raisonnables, et surtout dans celles placées loin des terrains déjà connus par les exploitations. Ces fautes viennent de ce qu'on néglige ordinairement la considération la plus importante dans les recherches des substances minérales, celle de la constitution du sol. L'étude de cette constitution qui devrait être le préliminaire indispensable, est la chose dont on s'occupe le moins. Les uns s'attachent invariablement à un point sans s'occuper des terrains environnants, et ils absorbent tous leurs capitaux dans une recherche stérile qui quelquefois n'a même pas le mérite d'éclairer les recherches ultérieures. On s'acharne avec une obstination désespérante à prolonger des travaux dispendieux dans des formations qui ne peuvent être confondues avec le terrain houiller que par ceux qui ne sont point en état de juger convenablement les caractères pétrographiques, et à plus forte raison les caractères paléontologiques des roches. On s'adresse surtout à des ouvriers mineurs qui, ne connaissant que les morts terrains et le terrain houiller dans

lequel se passe toute leur vie, doivent nécessairement rapporter à ce dernier terrain tout ce qui
présente une ressemblance plus ou moins éloignée
avec lui. On en voit d'autres disséminer au hasard
leurs recherches sur une grande surface, comme
s'ils avaient moins pour but de rechercher la
houille, que de faire acte de possession d'une
grande étendue de terrain. Ils doivent s'exposer
ainsi à faire, et ils font réellement des recherches
dont la dépense ne peut être en rapport avec les
résultats obtenus.

Quelques sociétés paraissent mieux comprendre la nécessité d'un système méthodique dans les
explorations. Elles adoptent en principe une
marche rationnelle, mais commettent dans l'exécution des fautes impardonnables, parce qu'elles
ne savent point apprécier toutes les observations
auxquelles elles doivent avoir égard.

En général, dans chaque recherche on croit
qu'il suffit d'avoir constaté la présence ou l'absence du terrain houiller, et lorsqu'on a pu
reconnaître qu'on se trouve dans une formation qui ne peut laisser d'espérance, on aban-
donne les travaux sans chercher à reconnaître
la nature précise et la valeur des résultats obtenus, afin de s'éclairer sur la marche à suivre
ultérieurement.

Les considérations les plus importantes sont
négligées, parce que le plus souvent, elles ne sont
point comprises. On les dédaigne sous le nom de
considérations théoriques. On ignore que ces considérations ne sont que la juste appréciation des
faits. La théorie c'est ici une pratique éclairée :
une question de recherches de mines est une
question toute géologique, et le géologue ne peut

commencer à s'effacer que lorsque les gîtes ont été découverts. C'est alors seulement que l'art du mineur acquiert plus d'importance pour reconnaître toutes les allures de ces gîtes.

Si l'on se met au-dessus de la théorie, en revanche on accueille avec un empressement remarquable les préjugés quelquefois les plus ridicules, et malheureusement on persévère longtemps dans la fausse voie que l'on a prise, parce que, laissant toujours à l'appréciation des ouvriers les résultats obtenus, on les croit le plus souvent d'accord avec leurs prévisions.

J'ai eu l'occasion de visiter un grand nombre de recherches dans nos départements, et souvent j'ai pu voir les conséquences fâcheuses de cette aveugle pratique qui entraîne dans des travaux dispendieux sur des points où il faut renoncer à tout espoir de succès; qui, ailleurs, décourage les compagnies lorsqu'il est tout à fait impossible encore de prévoir le résultat des recherches.

Ce cas est le plus rare; mais je l'ai vu se présenter plus d'une fois. Il arrive, lorsque les formations que l'on rencontre offrent des caractères qui ne sont pas habituels aux morts terrains traversés dans les exploitations connues des ouvriers. Il arrive également lorsqu'on se borne à considérer des faits isolés en négligeant les considérations d'ensemble qui, seules, peuvent servir à montrer le degré d'opportunité des recherches.

Le cas contraire est le plus fréquent, et il est d'autant plus difficile, lorsqu'il se présente, d'éclairer les sociétés sur leur véritable position, qu'il faut détruire des espérances qu'on ne perd qu'avec beaucoup de peine. Placé entre les avis d'hommes impartiaux qui jugent froidement, et ceux d'hommes exaltés qui annoncent des merveilles, on n'hésite point à embrasser les opinions qui peuvent flatter quelques illusions; parce qu'on n'est point à même de distinguer la vérité.

Depuis deux ans que les recherches se sont surtout multipliées, je n'ai cessé de combattre ces erreurs si fréquentes et si dangereuses qu'on commet le plus ordinairement dans l'appréciation des terrains traversés. Je me suis toujours efforcé en même temps de faire comprendre aux compagnies avec lesquelles j'ai été en relation, la marche qui convient dans les recherches de nos pays, en leur montrant la nécessité de travaux peu dispendieux mais sagement combinés, et en leur faisant voir que la prudence et les considérations théoriques sont ici d'accord pour commander une marche méthodique. Souvent il m'a fallu revenir plus d'une fois à la charge sans me lasser des échecs, et quelquefois j'ai eu le regret de n'être écouté que lorsque déjà bien des dépenses inutiles étaient faites. Bien rarement j'ai pu voir que l'on comprit d'une manière entièrement satisfaisante tout ce qu'exigent les conditions dans lesquelles nous sommes placés.

Cet état de choses est d'autant plus fâcheux que les points les plus importants des recherches seraient maintenant éclairés, j'en ai la conviction, si les nombreux capitaux qui ont été dépensés en travaux inutiles, avaient été appliqués avec méthode à des explorations bien entendues.

Les recherches les mieux conduites et les plus heureusement situées exigent sans doute encore pour réussir beaucoup de temps et de persévérance. On sait que ce ne fut qu'au bout de dix-sept années de travaux, après avoir creusé en vain

quatorze puits sur les territoires de Fresnes, Au-
bry, Eteux, Courouble, Brouay, Crépin et Valenciennes, que l'inventeur des houillères d'Anzin put fonder le premier établissement de mines
du département du Nord. Mais, comme le fait
remarquer M. de Bonnard, dans une notice qu'il
fit paraître en 1809 sur diverses recherches du
département du Pas-de-Calais, les explorations
ne pouvaient à cette époque se faire que par puits.
Le boursoufflement des glaises, dont on a des
bancs très-épais à traverser, empêchait de parvenir à la houille par un sondage. On n'employait
guère la sonde que pour reconnaître à quelle profondeur on rencontrerait les couches qui doivent
servir à arrêter les eaux. L'approfondissement des
puits présentait lui-même des difficultés énormes,
par suite des peines extrêmes qu'on avait à passer les niveaux et à arrêter les eaux. Souvent
même cela était tout à fait impossible. Les pi-
cotages et les cuvelages n'ont été inventés qu'à
cette époque.

D'un autre côté, comme le fait encore remarquer M. de Bonnard, l'emploi de la houille était
alors borné à un petit nombre d'usages; on est
arrivé plusieurs fois sur des couches qui aujour-
d'hui suffiraient pour entretenir une exploitation,
mais qui alors ne pouvaient être exploitées avec
bénéfice. Maintenant les travaux d'exploitation
sont incomparablement moins difficiles. Sauf quelques cas exceptionnels, on peut passer sans peine
les niveaux et les torrents, lorsqu'on s'est muni
de machines convenables. La présence des sables
boulants eux-mêmes ne peut plus effrayer. Autrefois elle aurait fait renoncer aux recherches.

D'ailleurs les premières explorations peuvent

être faites avec une facilité extrême par sondages, comme je le montrerai plus tard ; on peut ajourner les puits jusqu'au moment où il s'agit de faire des reconnaissances plus complètes. On devrait donc arriver bien plus promptement qu'autrefois à la solution qu'on poursuit, sans les fautes de toutes espèces qu'on commet dans les travaux.

Le mal, je le répète, vient d'une connaissance insuffisante des conditions dans lesquelles nous sommes placés, et l'on échoue devant les meilleures dispositions dans les conseils que l'on peut être appelé à donner : car il n'est pas possible de faire saisir dans quelques entrevues l'ensemble des considérations sur lesquelles ces conseils s'appuyent.

J'ai cru que je pourrais mieux réussir en mettant ces considérations sous les yeux de nos compagnies ; parce qu'étudiées à tête reposée et revues plusieurs fois, s'il est nécessaire, elles pourraient être mieux comprises. Si elles ne pouvaient suffire pour mettre ces compagnies en état de juger toutes les questions qui peuvent se présenter, elles pourraient au moins servir à montrer combien il faut se défier d'une pratique aveugle et incomplète qui ne peut manquer de confondre des roches et des formations essentiellement différentes ; à faire voir aussi combien chez nous la question des recherches est enveloppée de mystères ; combien il faut de prudence et d'économie pour en poursuivre la solution. Elles pourraient d'un autre côté rassurer ceux qui se découragent mal à propos, lorsque rien ne peut faire encore désespérer du succès.

Tel est le but de l'essai que je me décide à pu-

But de la publication

blier aujourd'hui. Je ne me flatte point de pouvoir faire connaître tout ce qui doit être connu, mais je m'estimerai déjà heureux, si je puis appeler l'attention de ceux qui se livrent aux recherches sur des objets importants qu'on néglige ordinairement bien à tort, et si je puis faire sentir la gravité de ces objets.

Ce n'est point seulement aux compagnies que j'aurai rendu service, mais encore au pays vivement intéressé dans la question. Qu'en effet, les recherches soient couronnées de succès; que les espérances qu'on peut concevoir sur la prolongation de la zône houillère du Nord dans le Pas-de-Calais, et même dans le département de la Somme, se réalisent; que l'on retrouve quelques riches bassins comme celui de Mons et Valenciennes, et l'on verra s'établir chez nous de nouvelles et brillantes exploitations qui pourraient nous affranchir du tribut que nous payons encore à l'étranger, et assurer l'approvisionnement de nos usines, tout en permettant la création de nouveaux établissements. Si les recherches devaient être infructueuses, il importerait au pays que cette fâcheuse solution fût obtenue aux moindres frais possibles; toutes les dépenses inutiles sont des pertes irréparables que l'intérêt général comme l'intérêt des compagnies commande d'éviter.

Pour que ces considérations soient à la portée des personnes mêmes auxquelles les connaissances géologiques sont peu familières, je retrancherai du texte toutes les observations scientifiques qu'il ne serait point essentiel d'y faire entrer; mais lorsque ces observations pourront avoir de l'importance, je les renverrai aux notes.

J'aurai besoin de parler de quelques terrains Matières à traiter. modernes: bien qu'à la rigueur il ne doive point être nécessaire de les considérer dans une question. de recherche de houille; mais j'ai vu plus d'une fois, dans nos contrées, certains étages de ces terrains confondus mal à propos avec le terrain houiller. J'ai vu même des explorations entreprises dans des formations supérieures au groupe de la craie. J'aurai donc à signaler ces formations pour faire éviter des méprises semblables.

Pour ce qui concerne les formations primordiales de sédiment, parmi lesquelles se trouve le terrain houiller, j'énumérerai toutes celles qui peuvent être rencontrées dans les recherches de notre pays; j'indiquerai leurs caractères communs ou distinctifs, les circonstances de gisement qu'elles présentent, et leurs relations. J'en déduirai naturellement la marche à suivre pour rechercher celle de ces formations qui nous intéresse, la formation houillère.

J'indiquerai ensuite le mode d'exploration le plus économique et le plus rationnel dans les conditions où nous nous trouvons; je ferai connaître en même temps les moyens à l'aide desquels il est possible de déterminer, dans les sondages, les principales circonstances de gisement des terrains, et les précautions nécessaires pour bien constater la nature des roches, enfin tout ce qu'il importe de bien reconnaître.

Je m'imposerai la plus grande réserve à l'égard des travaux existants. Les considérations que je publie subsistent indépendamment des résultats obtenus dans ces travaux. Ceux qui les exécutent pourront seulement trouver dans ces résultats la confirmation des opinions que j'avance sur la constitution de notre sol. Ces opinions sont fondées sur des observations d'ensemble faites dans toute l'étendue des départements du Nord, du Pas-de-Calais et dans la Belgique. Elles se rattachent en même temps aux faits observés jusque dans le sud du pays de Galles, en Angleterre.

Pour le département de la Somme je n'ai pu faire aucune observation directe sur les formations primordiales, mais on verra comment on peut procéder par induction à l'égard de la partie septentrionale de ce département.

Les différentes matières que j'aurai à traiter partageront l'ouvrage en deux parties.

Dans la première sera donnée la description géologique de nos terrains considérés sous le rappart des recherches de houille.

La seconde traitera des explorations. Elle donnera l'application des connaissances acquises.

Je diviserai chaque partie en différents chapitres.

Un chapitre particulier sera affecté aux formations plus modernes que le terrain houiller.

Un autre aux formations primordiales auxquelles le terrain houiller se lie intimement chez nous ; et, pour ces formations, je donnerai successivement la description pétrographique des roches, et celle des allures générales de ces roches, dans deux articles différents.

C'est le dernier article qui est le plus important pour comprendre les considérations sur lesquelles doivent s'appuyer les recherches. L'article précédent doit servir surtout pour éclairer l'exécution. Il renferme beaucoup de détails tout à fait essentiels pour donner aux personnes qui s'occupent des recherches les connaissances indispensables, connaissances faute desquelles sont commises la plupart des erreurs.

Mais ces détails ne semblent pas présenter au premier abord assez d'intérêt pour qu'on puisse se résoudre à les étudier à fond dès le principe, malgré l'ennui, et je dirai même la fatigue que les descriptions géologiques présentent toujours aux personnes qui n'y sont point habituées. On pourra donc passer d'abord rapidement sur l'article qui les contient. Les titres et l'analyse des matières placée en marge pourront guider sur les choses principales à la première lecture.

On reviendra plus tard sur les détails qui, je le répète, sont tout à fait indispensables.

Mais l'article relatif aux allures des formations primordiales et le chapitre Ier de la deuxième partie demandent à être étudiés de suite complétement.

Le chapitre IIe de la deuxième partie doit encore servir principalement à éclairer l'exécution.

———

Pour l'intelligence de ce qui va suivre, j'indiquerai ici sommairement les dénominations géologiques principales que j'adopte pour les terrains de sédiment (1), soit dans le texte, soit dans les notes.

Ces terrains sont divisés en quatre ordres principaux, savoir à partir des plus anciens :

1° Les terrains primordiaux de sédiment, appelés aussi terrains de transition ;

2° Les terrains secondaires ;

———

(1) *Terrains de sédiment.* Terrains déposés dans les eaux par opposition aux terrains d'origine ignée sortis de l'intérieur du globe : tels que les granites, les terrains volcaniques, etc. Nous n'avons pas à nous occuper dans notre pays de ces terrains.

3° Les terrains tertiaires;

4° Les terrains modernes.

Les terrains de transition se subdivisent en :

    Inférieur, ou groupe cambrien (1) ;

    Moyen, ou groupe silurien ;

    Supérieur, ou groupe carbonifère.

Chacun de ces groupes comprend plusieurs formations qui seront indiquées plus tard.

Les terrains secondaires sont tous ceux compris entre le terrain houiller et la craie inclusivement.

Les trois grandes subdivisions de ces terrains sont :

a. Le groupe du grès rouge ;

b. Le groupe oolitique ou des formations jurassiques ;

c. Le groupe crétacé (de la craie).

Ces groupes se subdivisent eux-mêmes en formations.

Les terrains tertiaires renferment toutes les formations plus récentes que la craie jusqu'aux terrains modernes. Ils se subdivisent aussi en plusieurs étages, savoir :

    Le terrain tertiaire inférieur,

    Le terrain   —   moyen.

    Le terrain   —   supérieur.

Puis viennent les terrains diluviens ou de transport. Les formations modernes d'alluvion, d'atterrissement., etc.

Je ne parlerai en détail des diverses formations composant les différents groupes que je viens de signaler qu'autant qu'il en sera besoin.

---

(1) La limite séparative des groupes cambrien et silurien n'est point encore établie d'une manière définitive. Il est probable que l'on fera entrer dans le groupe silurien toutes les roches fossilifères, et il restera encore, dans le groupe cambrien, une très-grande quantité de roches sans fossiles.

PREMIÈRE PARTIE.

DESCRIPTION DES TERRAINS.

——

CHAPITRE PREMIER.

DIVISION DES TERRAINS EN DEUX CLASSES.

Aperçu sur les relations de position de ces terrains.

Les terrains de nos contrées considérés par rapport aux recherches de houille, peuvent être divisés en deux classes.

Dans l'une se trouveraient les formations horizontales qu'il faut presque partout traverser avant d'arriver aux formations primordiales de sédiment (1).

On a donné, comme on le sait, le nom de mort terrain (terrain stérile) à celle que l'on rencontre dans les environs de Mons, de Valenciennes, etc. C'est principalement le terrain de craie qui constitue la base du sol dans presque tout notre pays.

Je n'ai pas cru devoir le considérer exclusivement dans cette première classe que j'appellerai classe des morts terrains (pour conserver une expression bien connue), afin d'embrasser toute

Morts terrains.

———

(1) Voir la note de la page 11.

l'étendue de nos contrées, et de comprendre toutes les formations qui peuvent présenter quelque importance pour la question des recherches. Dans quelques points, en effet, et particulièrement dans la plus grande partie du Boulonnais, la craie manque, et l'on ne trouve plus que les formations appelées formations jurassiques ou formations oolitiques. Sur d'autres points, le groupe de la craie est recouvert par des formations plus modernes appartenant à l'ordre des terrains tertiaires. Elles viennent augmenter l'épaisseur des morts terrains, et quelquefois elles présentent une physionomie particulière qui les fait confondre avec le terrain houiller par les personnes inexpérimentées.

Le caractère le plus saillant dans cette première classe de terrain, c'est l'horizontalité parfaite ou la presque horizontalité des couches. Partout où les dénudations du sol ne les ont point fait disparaître, ces terrains recouvrent transgressivement ceux de la deuxième classe composée des formations primordiales de sédiment, des formations appartenant au terrain de transition.

Terrains primordiaux de sédiment. Les roches de cette deuxième classe se distinguent généralement bien de celles de la première; mais le caractère le plus saillant, c'est l'obliquité des couches. Après leur dépôt, et avant celui des morts terrains, ces couches ont été violemment déplacées de leur position primitive, au point que leur inclinaison approche quelquefois de la verticale; d'autresfois elles sont complétement renversées.

Je ne m'arrête point maintenant à ces diverses circonstances. Je n'ai fait que les citer comme les caractères distinctifs les plus propres à être reconnus des personnes les moins habituées aux observations; je n'ai voulu jusqu'ici qu'établir une grande division dans nos terrains, sous le rapport des recherches de houille.

La *figure* 1, *Pl. I*, pourra donner une idée de la relation que présentent entre elles les deux classes que je viens d'établir.

aa. Morts terrains.

bb. Terrains primordiaux.

La figure représente une coupe verticale faite perpendiculairement à la direction (1) des couches des terrains inclinés. Cette coupe est supposée prise sur une étendue de pays assez considérable.

On voit dans la figure que la surface de séparation entre les morts terrains et les terrains inclinés n'est point plane et horizontale; mais qu'elle présente des accidents comme la surface même du sol. C'est qu'en effet cette surface, qui à une époque donnée, avant le dépôt des morts terrains, constituait l'extérieur de la croûte terrestre, présentait un relief accidenté comme celui que nous observons partout. Et, on le conçoit sans peine, les dépressions et les élévations de ce relief n'ont aucune relation avec les accidents de la surface actuelle. Cette observation est importante; elle explique pourquoi les profondeurs diverses, auxquelles les recherches atteignent, sur les dif-

Relations générales des deux classes de terrains.

____

(1) La direction d'une couche n'est autre chose que la direction de la ligne menée horizontalement dans cette couche ou perpendiculairement à la ligne de plus grande pente.

L'angle que la couche fait avec l'horizon s'appelle l'inclinaison ou le plongement de cette couche.

On dit qu'elle plonge ou qu'elle a son pendage au nord, à l'est, à l'ouest, au midi; suivant que le pied est au nord, à l'est., etc.

férents points, les formations primordiales, ne sont point en rapport avec la configuration extérieure du sol.

COUP D'ŒIL GÉNÉRAL SUR LA CONSTITUTION GÉOGNOSTIQUE
DU PAYS.

Avant de m'occuper particulièrement de chacune des deux classes de terrains précédemment établies, je crois qu'il est utile d'indiquer sommairement la constitution géognostique de nos contrées. Cette indication pourra servir à faire comprendre quelques observations qui seront présentées plus tard.

Craie formant la base du sol. La base du sol dans la presque totalité de nos contrées est constituée par le groupe de la craie qui présente une épaisseur variant de quelques mètres à 200 mètres et plus. On le voit principalement sur les versants des vallées, dans les pentes un peu roides. Les pentes douces, vers le bas des versants, sont au contraire généralement recouvertes de terrain de transport; *Terrains de transport.* graviers, galets, sables, limons.

Formations modernes des vallées. Le fond des vallées est occupé par les formations modernes d'eau douce présentant de nombreux fossiles fluviatiles ou lacustres et comprenant la tourbe. Au-dessus s'étendent les alluvions actuelles de nos rivières. Ce groupe moderne présente des étendues assez considérables à l'extrémité septentrionale des départements du Pas-de-Calais et du Nord, vers Calais et Dunkerque. A l'extrémité occidentale du Pas de Calais et de la Somme, entre les embouchures de la Somme et de la Canche; enfin dans le bas pays, entre Aire, Labassée et Hazebrouck.

Les plaines sont recouvertes généralement de *Formations meubles des plaines. Terrains tertiaires supérieurs* formations meubles, appartenant aux groupes supérieurs du terrain tertiaire, et présentant deux assises : l'une de sables et graviers, tantôt libres, tantôt cimentés par une glaise que colore plus ou moins de l'oxyde de fer (*bief*) ; l'autre une argile jaune plus ou moins sablonneuse qu'on pourrait appeler *limon*. Ces formations n'offrent généralement qu'une faible épaisseur. Dans quelques parties du département du Nord cependant, l'assise supérieure se développe beaucoup. La formation crayeuse se montre au-dessous à une profondeur variable qui n'est point en rapport avec le relief de la surface, parce que la craie présente des dépressions plus ou moins considérables, souvent même des espèces de puits qu'ont comblés les formations dont je parle, et ces formations présentent conséquemment des épaisseurs très-variables.

Au milieu des plaines s'élèvent en divers points *Lambeaux de terrain tertiaire inférieur au milieu des plaines.* des tertres plus ou moins étendus, souvent d'une saillie à peine sensible, présentant des terrains différents de ceux des plaines elles-mêmes. Ce sont des sables blancs ou diversement colorés avec des grès quartzeux, des marnes chargées de points verts (1) et des argiles plastiques. Les terrains des plaines dont j'ai parlé précédemment viennent s'adosser contre ces derniers, et il y a discontinuité complète entre les deux groupes. Les formations des tertres appartiennent à l'étage inférieur du terrain tertiaire.

C'est principalement dans la Somme, dans le Pas-de-Calais et dans la partie septentrionale du dépar-

______

(1) Points verts de silicate de fer.

tement du Nord qu'elles se présentent en lambeaux isolés (1). Dans la partie méridionale du département du Nord, au contraire, elles s'étendent sur des espaces considérables.

---

(1) Ainsi que M. Élie de Beaumont l'a fait remarquer, ces lambeaux sont des témoins de l'ancienne étendue du terrain tertiaire inférieur du bassin de Paris, qui a dû autrefois recouvrir toutes nos contrées, en se prolongeant dans la Belgique d'un côté, dans l'Angleterre de l'autre. Après son dépôt, cette vaste formation a été dénudée par les eaux qui en ont fait disparaître la plus grande partie, en ne laissant que des lambeaux épars çà et là. Des cataclysmes semblables avaient exercé successivement leurs ravages dans nos contrées sur les formations secondaires, et longtemps auparavant des catastrophes d'un autre ordre, mille fois plus violentes, avaient disloqué et bouleversé les terrains primordiaux. Après la dénudation du terrain tertiaire inférieur, de nouveaux dépôts se sont formés, ceux des terrains meubles des plaines, qui, par conséquent, doivent s'adosser à stratification discontinue contre les formations qui constituent les tertres.

Plus tard de nouveaux cataclysmes ont encore changé le relief du sol de nos contrées en enlevant une partie des formations les plus récentes, et en mettant à nu celles plus anciennes (comme la craie), sur les versants des vallées que les eaux ont creusées. En même temps, les terrains de transport entraînés par les eaux ont dû revêtir le fond des bassins et une partie de leurs versants.

Un nouvel ordre de choses a dû succéder à ces dernières révolutions ; alors les terrains lacustres se sont déposés sous les eaux qui remplissaient le fond de nos vallées. Puis, lorsque ces eaux ont été écoulées, sont restées les rivières actuelles conduisant un volume variable, et répandant d'années en années, sur des espaces plus ou moins considérables, les alluvions les plus récentes dont le dépôt se continue encore de nos jours.

Les phénomènes successifs que je viens d'indiquer sommairement sont les causes qu'on ne peut s'empêcher d'assigner aux faits observés. Ils expliquent facilement ces faits, et font saisir la loi des rapports qui existent entre les terrains de diverses natures qu'on rencontre dans nos contrées, et la position topographique des points où on les observe.

Ces rapports une fois connus, on peut plus aisément étudier les détails de la constitution du sol des différentes localités, parce qu'on peut mieux tirer parti des points de repère qui s'offrent aux observations. On peut même souvent prévoir d'avance la nature des terrains qui pourront être rencontrés dans une position topographique donnée.

En général, tous les terrains dont je viens de parler présentent, avec la position topographique des points où on les observe, des rapports constants et faciles à saisir. La craie forme une nappe continue sous les formations plus récentes. On est à peu près sûr de la rencontrer partout à une profondeur plus ou moins grande, excepté dans le Bas-Boulonnais où l'on trouve toutes les formations du groupe oolitique, et dans quelques points plus ou moins circonscrits où les terrains de transition se montrent au jour (1) ; c'est ce qu'on observe dans la partie septentrionale du Bas-Boulonnais, et dans quelques points de certaines vallées des départements du Pas-de-Calais et du Nord.

Formations du groupe oolitique dans le Boulonnais.

Terrains primordiaux au jour dans certaines localités.

Je dois encore mentionner certains conglomérats qui me paraissent se rapporter au groupe du grès rouge (à l'étage inférieur des terrains secondaires). Les points où on les observe sont très-circonscrits.

Groupe du grès rouge (rare).

En jetant les yeux sur la *figure 2, Pl. I*, on pourra se faire une idée de la disposition relative des divers terrains de notre pays.

h h Ligne horizontale.

p p formations primordiales ou de transition.

g formations du groupe du grès rouge.

o o formations oolitiques.

c c formations du groupe crétacé (craie).

T formations du terrain tertiaire inférieur.

t t formations des étages supérieurs du terrain tertiaire.

d d diluvium ou terrain de transport ancien.

a a formations d'alluvion moderne.

---

(1) Soit par suite de la dénudation des formations plus récentes, soit par suite du niveau que les terrains de transition avaient atteint au moment de leur redressement.

La figure (1) montre encore la différence de gisement des formations primordiales et des formations supérieures, et elle explique aussi comment les terrains primordiaux se montrent au jour dans certaines vallées ; tandis que dans d'autres qui ne présentent pas moins de profondeur, ils se trouvent encore à une assez grande distance sous les morts-terrains. Tout dépend, comme je l'ai déjà montré, du relief que présente la surface du sol primordial.

---

(1) Dans cette figure on a exagéré les épaisseurs par rapport aux étendues horizontales , pour mieux faire saisir les relations de superposition.

CHAPITRE II.

MORTS-TERRAINS.

Je viens de faire connaître sommairement les différents terrains qu'on peut avoir à traverser avant d'arriver aux formations anciennes.

Cette description succincte devrait être suffisante dans une question de recherche de houille ; mais l'expérience m'a appris qu'on commet déjà tant d'erreurs de tous genres à l'égard de cette première classe de terrains, que je me trouve obligé d'entrer dans quelques détails sur leur constitution. Je ne parlerai du reste que de ceux de ces terrains qui demandent à être examinés ici , et les détails que je donnerai seront ceux rigoureusement nécessaires. Il faut bien remarquer en effet que je ne donne point une description géologique complète du pays. Quelque intérêt et quelque importance que présente une pareille description, elle m'entraînerait beaucoup trop loin , et je ne veux pas perdre de vue le but que je me suis proposé. Ainsi les formations modernes et celle des terrains tertiaires supérieurs ne présentent point d'intérêt ici ; je n'en parlerai donc point, et je ne m'occuperai que du terrain tertiaire inférieur, du groupe crétacé, du groupe oolitique , et du groupe du grès-rouge.

TERRAIN TERTIAIRE INFÉRIEUR.

Les roches du terrain tertiaire inférieur sont le plus ordinairement, dans nos contrées, des argiles plastiques grises ou bigarrées de diverses

Roches du terrain tertiaire inférieur.

couleurs; des sables diversement colorés, blancs, jaunâtres, rougeâtres ou verdâtres avec des amas de grès quartzeux; principalement des sables verts chargés de grains de silicate de fer; des marnes d'un gris plus ou moins foncé, souvent aussi abondamment chargées de grains semblables, ressemblant quelquefois complétement à une des assises du groupe crétacé dont je parlerai plus tard, et ne pouvant s'en distinguer que par la position ou par les fossiles (1).

Certaines roches du terrain tertiaire inférieur ne peuvent se distinguer d'une des assises du groupe de la craie que par la position ou par les fossiles.

Ces dernières roches prennent quelquefois une consistance très-dure, et sont alors connues des mineurs sous le nom de *durs bancs de tuf*. C'est principalement dans le département du Nord qu'elles se présentent avec ces caractères. On les traverse à Anzin avant d'arriver à la craie, et la dernière assise de la formation tertiaire se nomme *ciel de marle*. Les sables boulants qu'on trouve au nord de Valenciennes, et qui occasionnent quelquefois tant de difficultés pour le creusement des avaleresses, appartiennent aussi à cet étage.

Nos formations tertiaires inférieures présentent souvent des assises alternatives de sables et de glaises (2). Quelquefois on trouve des assises d'argile plastique très-développées.

Elles sont généralement bien appréciées comme morts terrains, lorsqu'elles ne présentent que les

---

(1) Je fais abstraction des calcaires à nummulites et de ceux à milliolites qui couronnent dans quelques points les tertres tertiaires dont j'ai parlé précédemment, dans la description sommaire de la constitution géognostique du pays. Nos terrains tertiaires inférieurs sont des équivalents des assises inférieures au calcaire grossier parisien, et de l'argile plastique.

(2) Ces alternances rappellent tout à fait le terrain d'argile plastique de l'Angleterre inférieur au London clay.

sables libres avec grès quartzeux, les glauconies grossières ou sableuses, les marnes glauconieuses (1); il n'en est pas toujours de même lorsqu'elles sont composées d'argile plastique. Ces argiles sont souvent d'un gris foncé, parfois feuilletées, et quelques personnes inexpérimentées les prennent pour des argiles schisteuses du terrain houiller. L'erreur se trouve comme confirmée par la présence de traces de végétaux convertis en lignite, par la présence même de lits de lignites plus ou moins épais que l'on regarde comme une houille altérée. Vers le milieu du dix-huitième siècle, on a fait pendant plusieurs années des recherches de houille au mont Colline, à l'embouchure de l'Authie, dans des argiles de cet âge géologique. Ces recherches n'ont servi qu'à constater la présence d'une couche de lignite pyriteux dans ce terrain. J'ai vu ces méprises se renouveler tout récemment, et l'on sait que dans ces derniers temps une erreur semblable a été commise dans un département voisin.

Pourtant il est impossible de trouver une analogie entre les roches du terrain houiller et celles de l'argile plastique. Les caractères pétrographiques diffèrent complétement. Il en est de même des fossiles (2).

Roches du terrain tertiaire inférieur confondues quelquefois avec celles du terrain houiller.

Lignites confondus avec la houille.

Diverses recherches de houille entreprises dans le terrain tertiaire inférieur

La composition minéralogique et zoologique du terrain tertiaire inférieur ne présente aucune analogie avec celle du terrain houiller.

---

(1) *Glauconies grossières*, roche à tissu lâche, à base de calcaire grossier, grains verts de silicate de fer, et beaucoup de sable quartzeux.

Glauconies sableuses, roche à texture lâche même friable. Base de sable quartzeux, grains verts, quelquefois un peu de calcaire.

Marnes glauconieuses. Marnes chargées de grains de silicate de fer.

(2) Les fossiles de nos formations tertiaires inférieures sont principalement des cérites, cythérées, crassatelles, nautiles,

En supposant d'ailleurs que des personnes inexpérimentées puissent commettre une erreur à l'égard d'une roche en particulier, il ne devrait point en être de même pour un ensemble de roches, ensemble qu'on ne doit jamais négliger de considérer quand il s'agit de juger un terrain.

Enfin toutes les considérations de gisement des terrains tertiaires inférieurs ne permettent point de les confondre avec les formations primordiales : aussi je n'insisterai pas davantage sur les caractères de ces terrains ; il doit suffire que je les aie signalés sommairement, pour qu'on sache se mettre en garde contre des erreurs qu'il est bien facile d'éviter.

GROUPE CRÉTACÉ (craie).

Les formations du groupe crétacé sont sans contredit les plus importantes parmi les morts terrains, puisqu'elles sont rencontrées à peu près partout.

Elles peuvent être partagées en deux grandes divisions :

Division du groupe de la craie en deux étages. La première ou la supérieure, composée principalement de calcaires, et de marnes plus ou moins argileuses.

La deuxième, de roches argileuses et arénacées (1).

Je ne m'arrêterai point à décrire en détail toutes

---

huîtres lisses et striées, des nummulites pour les parties supérieures. On pourrait citer aussi des mélanies (melania inquinata), accompagnées de cyrènes, etc., assez communes dans les terrains de lignite tertiaire de nos contrées. Il est tout à fait impossible de confondre ces fossiles avec ceux du terrain houiller.

(1) On verra plus loin que ce 2° étage présente aussi quelquefois à sa partie inférieure des calcaires présentant un caractère particulier.

Il arrive dans certaines localités que les deux étages passent insensiblement de l'un à l'autre. La craie blanche se charge de plus en plus de grains verts, et passe aux marnes glauconieuses.

les assises de ces deux divisions. Cette description serait ici superflue, surtout pour l'étage supérieur, dont les caractères généraux sont assez bien con- *Étage supérieur.* nus (1).

Ces caractères offrent quelques variations, lorsqu'on considère une grande étendue de pays ; mais on peut résumer l'ensemble des circonstances que cet étage présente, en disant que la craie blanche avec silex occupe principalement la partie supérieure, et qu'en descendant, cette craie se charge de plus en plus de matières étrangères, devient de plus en plus marneuse.

Je ne m'arrêterai pas non plus à donner une des- *Étage inférieur.* cription détaillée de la deuxième division. Cependant je serai obligé d'en signaler les caractères principaux : car c'est à l'égard de cette formation des morts terrains que les erreurs et les préjugés sont le plus fréquents.

La composition minérale du dépôt argilo-aré- La composition du nacé qui constitue ordinairement ce deuxième deuxième étage du groupe crétacé pré-étage du groupe de la craie, présente plus de va- sente beaucoup de riations encore que celle du dépôt calcaire et mar- variations. neux supérieur, et ces variations sont très-sensibles même sur des étendues peu considérables, bien que les caractères généraux restent à peu près constants. C'est surtout dans son développement que cette formation, appelée formation du *grès vert*, varie sur les différents points.

---

(1) On attache quelquefois une grande importance à la rencontre des différentes couches que l'on traverse dans les exploitations du Nord ; les ouvriers habitués à tirer des conséquences fausses de faits généralisés mal à propos, trouvent déjà dans cette rencontre un indice favorable.

Ce serait pour moi un motif de plus de ne pas énumérer ces couches, pour montrer qu'elles ne présentent aucune importance dans la question.

L'étage inférieur de la craie ne présente qu'une faible épaisseur dans un grand nombre des exploitations du Nord

Dans une grande partie du département du Nord, immédiatement au-dessous des marnes argileuses qu'on nomme *dièves*, on rencontre un poudingue ou conglomérat à ciment argilo-calcaire, d'un gris plus ou moins foncé, chargé par places d'une très-grande quantité de grains verts ou noirs de silicate de fer, et renfermant beaucoup de noyaux qui proviennent de roches primordiales. C'est à ce poudingue qu'on a donné le nom de *tourtia*. Il ne présente guère qu'une épaisseur de deux ou trois mètres dans un grand nombre des exploitations, et il recouvre immédiatement le terrain houiller ; là, par conséquent, l'étage du *grès vert* n'est point fort développé. Ailleurs, et

Dans beaucoup de localités du (Pas-de-Calais) et de la Somme , la formation du *grès vert* présente un développement assez considérable.

principalement dans quelques parties du Pas-de-Calais et de la Somme, cette formation présente des alternances plus ou moins nombreuses de glauconies calcaires ou sableuses , de sables verts libres, de sables ferrugineux avec plaques de grès ferrugineux et minerais de fer, de marnes argileuses d'un gris foncé, quelquefois pailletées de mica, et de marnes glauconieuses, de grès à ciment calcaire ou marneux chargés aussi de silicate de fer ; enfin des couches de conglomérats comme le tourtia d'Anzin (1).

---

(1) Sur quelques points, on pourrait, comme en Angleterre, subdiviser l'étage du *grès vert* en grès verts supérieurs (upper green sand), gault, et grès verts inférieurs (lower green sand). On trouve en effet, sur ces points, deux séries de roches arénacées séparées par des argiles marneuses ; mais je n'oserais généraliser ces subdivisions pour tout notre pays, et je crois qu'il vaut mieux se contenter des deux grandes divisions que j'ai adoptées. Ces divisions sont bien suffisantes pour l'objet qui nous occupe, et d'ailleurs il serait possible de faire rentrer dans la deuxième, comme on le verra, certaines assises calcaires dont je parlerai à la fin de ce chapitre ; tandis que si j'adoptais les

Elle offre alors une épaisseur assez considérable, et quelques-unes des roches qu'elle comprend sont souvent confondues avec celles du terrain houiller, par les ouvriers qui ne reconnaissent plus dans cette partie du mort terrain les caractères habituels qu'ils trouvent dans leur pays. C'est ainsi que plusieurs fois j'ai vu prendre des grès appartenant à cet étage, pour des grès de la formation houillère, et les argiles marneuses foncées, quelquefois feuilletées et même micacées qui alternent avec les grès et les sables, pour des argiles schisteuses de la même formation. Pourtant toutes ces roches ne présentent pas plus de ressemblance avec le terrain houiller que celles que j'ai signalées dans le terrain tertiaire inférieur. Il suffirait de les examiner avec soin pour reconnaître une différence complète de composition, de texture et de structure. Les fossiles sont aussi tout différents (1).

On commet encore généralement, à l'égard de l'étage du *grès vert*, une erreur d'un autre genre que je dois signaler ici. Comme on traverse con-

Certaines roches du grès vert sont quelquefois confondues avec le terrain houiller.

La composition pétrographique et zoologique des roches du grès vert diffère complétement de celle du terrain houiller.

---

trois subdivisions des Anglais, il faudrait pour ces assises en faire une quatrième, équivalente peut-être à la formation veldienne pour l'âge géologique, mais non pour les caractères minéralogiques et zoologiques des roches.

(1) Les fossiles sont extrêmement abondants dans la formation du *grès vert* de notre pays. Je citerai principalement les espèces suivantes : Bélemnites, Hamites cylindricus, Inoceramus sulcatus, et Inoceramus concentricus, Ostrea carinata, etc. J'ai toujours trouvé abondamment une ou plusieurs de ces coquilles dans les divers points où j'ai pu observer le deuxième étage du groupe crétacé, soit au jour, soit dans les travaux souterrains. On voit que ces divers fossiles distingueraient très-bien aussi entre elles les roches du grès vert et du terrain tertiaire inférieur lorsque les caractères pétrographiques pourraient les faire confondre.

C'est à tort que l'on regarde la rencontre du *tourtia* comme un indice de la présence du terrain houiller.

stamment le *tourtia* dans les puits d'exploitation du Nord immédiatement avant d'atteindre les gîtes, les mineurs regardent la rencontre de ce tourtia comme l'indice certain de la présence du terrain houiller. C'est évidemment là un préjugé dû à une connaissance imparfaite de la constitution du sol. C'est encore une conséquence fausse tirée de faits mal observés et généralisés sans raison ; il n'y a, en effet, aucune liaison entre les formations primordiales, et par conséquent entre le terrain houiller, et le tourtia, qui appartient à une époque géologique bien différente. Tout ce que j'ai dit précédemment doit montrer cette indépendance complète des différentes formations, et faire comprendre que le tourtia peut recouvrir indifféremment tous les terrains plus anciens que lui.

La présence même de parcelles de houille dans le *tourtia* ne peut donner aucune indication sur la nature des terrains inférieurs.

Le préjugé si répandu dont je viens de parler, semble pour quelques personnes se trouver légitimé par la présence de parcelles de houille qu'on observe quelquefois dans le tourtia ; mais, on le conçoit facilement, ces parcelles de houille se trouvent dans le poudingue dont je parle, comme les autres débris de roches anciennes qu'on y rencontre. Si l'on se reporte à la *figure 3*, *Planche* I, qui représente la constitution du sol dans nos contrées, avant le dépôt du groupe de la craie,

tt tt étant des terrains primordiaux ou de transition inférieurs au terrain houiller,

h h un petit bassin houiller,

i i un dépôt secondaire inférieur au groupe crétacé, comme, par exemple, les formations jurassiques (du groupe oolitique),

ss la surface du sol primordial, on reconnaîtra qu'au moment où allait se former le dépôt argilo-arénacé qui constitue l'étage dont je m'occupe maintenant, les formations primordiales étaient à nu sur une grande partie de nos contrées, et par conséquent exposées aux dégradations des agents atmosphériques et des eaux. Les débris enlevés aux différentes couches dont les tranches affleuraient à la surface du sol, et parmi eux des fragments de houille, ont dû se mêler aux éléments du *grès vert* : on conçoit donc qu'il est possible de trouver de la houille dans un tourtia qui recouvrirait des terrains tout à fait différents du terrain houiller, par exemple dans celui qui se serait déposé au point *m*.

Mais on peut se demander si la présence de cette houille ne doit pas faire présumer qu'on est dans le voisinage des gîtes. On pourrait être porté à le croire, en réfléchissant que si les différents débris des roches anciennes ont pu être longtemps roulés par les eaux pour former les galets qu'on observe dans le tourtia, et s'ils ont pu être transportés au loin avant d'être déposés, il n'en saurait être de même de la houille ; que cette substance est trop friable pour pouvoir être longtemps charriée sans être réduite en particules indiscernables. Mais il faut observer que la houille est d'une pesanteur spécifique beaucoup moindre que les autres roches ; qu'elle a pu être tenue en suspension, et en quelque sorte surnager dans des courants rapides, surtout dans des eaux chargées de matières étrangères ; elle aurait donc pu être transportée à des distances assez considérables qui, supposées même petites géologiquement parlant, seraient énormes relativement à une question de recherches (1).

Je crois donc qu'on ne peut tirer de la présence de la houille dans le tourtia aucune conséquence sur le plus ou moins d'éloignement des gîtes.

Lignites de l'étage du grès vert confondus quelquefois avec la houille.

Je dois encore faire remarquer ici que l'on trouve fréquemment des lignites fibreux (2) et des lignites piciformes (3) dans l'étage inférieur du groupe crétacé, et la présence de ces lignites concourt encore aux méprises que commettent les ouvriers sur la nature des terrains qu'ils traversent : d'autant plus que, comme je l'ai déjà indiqué, les assises du *grès vert* sont pour eux l'indice de la rencontre prochaine du terrain houiller.

C'est surtout dans les sondages que cette erreur se présente : car alors les lignites sont ramenés au jour pulvérisés, et il est tout à fait impossible aux ouvriers de les distinguer de la houille; ces ouvriers ne pourraient même faire une appréciation convenable sur des fragments de ces lignites. J'ai déjà vu plusieurs exemples de ces méprises dans des explorations par forage, et l'on était intimement convaincu d'avoir traversé des veines de houille. Les ouvriers assuraient même que jamais,

---

(1) Je pourrais dire, à l'appui des observations que je viens de présenter, que parmi plusieurs fragments de combustible qui m'ont été donnés comme provenant du *tourtia*, sur un des points du Pas-de-Calais, j'ai trouvé à la fois de la houille et de l'anthracite. Cet anthracite pouvait provenir d'une grande distance.

(2) *Lignite fibreux*, brunâtre, à tissu ligneux.

(3) *Lignite piciforme*, noir, luisant. Cassure droite ou conchoïde. Aspect presque résineux, pouvant être confondu avec la houille par les personnes inexpérimentées.

à Anzin, la sonde n'avait traversé de plus beau charbon; cependant les lignites étaient on ne peut mieux caractérisés; leur gisement ne pouvait non plus laisser le moindre doute. Il faudra donc encore se tenir en garde contre ces erreurs.

Les roches du *grès vert* prennent accidentellement des caractères particuliers qu'il est bon de mentionner : elles offrent sur certains points un calcaire sublamellaire, dans lequel se trouvent toujours disséminées des parties vertes plus ou moins abondantes. Quelquefois ces parties vertes sont assez rares, et la roche ressemble jusqu'à un certain point à des calcaires anciens; mais les coquilles qu'on y rencontre pourraient encore établir la distinction si l'on avait à hésiter. Ici, du reste, je rappellerai que ce n'est pas seulement sur une roche isolée qu'il convient, même pour des personnes expérimentées, de porter un jugement, mais qu'il faut considérer toujours un ensemble de roches.

J'ai cru devoir parler de ces circonstances particulières, parce qu'elles peuvent donner quelquefois des inquiétudes mal fondées sur le résultat des recherches. Il pourrait en être également ainsi des autres grès verts, car les ouvriers, tout en les rapportant au terrain houiller, reconnaissent pourtant souvent que ces roches offrent quelques caractères qui ne sont point habituels à ce terrain. Ils se trouvent donc embarrassés et inquiets sur le succès des explorations. J'ai vu ce fait se présenter il y a plusieurs mois, dans une recherche de houille par sondage du département du Nord; mais toute inquiétude put bientôt cesser : car au-dessous de l'étage des grès verts on rencontra le

Caractères accidentels de l'étage du *grès vert.*

Calcaire sublamellaire.

Les caractères accidentels des roches du *grès vert* inquiètent quelquefois mal à propos les ouvriers.

Composition particulière des assises inférieures du groupe de la craie observée dans une exploration du département de la Somme. Calcaires oolitiques pouvant être rapportés à la 2e division de la craie.

véritable terrain houiller, et à une petite profondeur une couche de houille (1).

Je n'ai parlé jusqu'ici que des caractères que présente ordinairement la deuxième division de la craie, dans la partie de nos contrées où elle est connue, soit par les travaux souterrains, soit par les observations qui peuvent être faites dans la plupart des localités où elle se montre au jour. Pour ne rien omettre de ce qui peut intéresser les recherches, je dois mentionner quelques circonstances qui se sont présentées dans un sondage, sur un des points du département de la Somme.

Au-dessous d'une série de marnes argileuses et de glauconies inférieures à la craie blanche, on a rencontré des calcaires oolitiques qu'on pourrait peut-être rapporter à la partie inférieure du deuxième étage du groupe crétacé, avec lequel ils semblent se lier géologiquement (2).

____

(1) Lorsque je visitai cette recherche, les ouvriers qui rapportaient encore au terrain houiller les roches qu'ils avaient précédemment traversées, m'avouèrent eux-mêmes l'embarras et les inquiétudes qu'ils avaient éprouvés.

(2) Si l'on considérait isolément les calcaires oolitiques ramenés dans ce sondage, il serait difficile d'en assigner l'âge géologique, d'autant plus qu'ils n'ont été ramenés qu'en grande partie pulvérisés. On pourrait être porté à les considérer comme appartenant au terrain jurassique ; mais quelques circonstances de gisement pourraient également conduire à une autre opinion.

On a rencontré successivement deux assises de calcaires oolitiques ; entre elles se trouvaient environ un mètre de marne argileuse et quatre mètres de sables glauconieux, avec noyaux comme ceux du tourtia, absolument semblables à ceux traversés précédemment.

La première assise calcaire succédait elle-même à des marnes argileuses grises. Il me semble donc qu'on peut rattacher ces deux assises calcaires oolitiques à la deuxième division du groupe crétacé. Elles en constitueraient la partie inférieure, et l'on

J'ai signalé cette circonstance, afin que, si elle venait à se rencontrer de nouveau dans les explorations, elle ne surprît point ceux qui les exécutent. Elle ne devrait point être un sujet de découragement dans des recherches qui s'appuient sur des considérations solides.

Il pourrait se faire aussi que l'on trouvât dans quelques points, au-dessous de la craie, des calcaires oolitiques ou d'autres roches appartenant

La rencontre de ces calcaires, et même celle de roches appartenant aux autres groupes du terrain secondaire, ne peut être un sujet de découragement dans les recherches dont l'opportunité est bien constatée.

---

aurait ici un fait analogue à ce que présente dans d'autres localités le terrain qu'on a récemment appelé néocomien.

Je n'ai pu trouver, parmi les débris ramenés de la deuxième couche oolitique, qu'une petite portion de coquille turriculée qu'il serait peut-être permis de rapporter au genre cerithium ou potamides; ces débris ne seraient pas suffisants pour juger le terrain. Du reste, on conçoit bien qu'on ne pourrait s'attendre à trouver, dans quelques fossiles ramenés par la sonde, un moyen de confirmer l'opinion que j'ai émise tout à l'heure; parce que, d'une part, ces fossiles sont le plus souvent réduits en fragments indéterminables; et parce que, d'autre part, le terrain néocomien forme souvent, comme on le sait, une espèce d'intermédiaire entre le groupe oolitique et le groupe crétacé, sous le rapport zoologique. Les considérations géognostiques seraient donc, dans tous les cas, aussi puissantes que celles paléontologiques, pour faire rentrer les calcaires dont il est ici question dans la deuxième division de la craie telle qu'elle a été établie plus haut, c'est-à-dire renfermant toutes les roches comprises entre le terrain jurassique et la craie proprement dite.

Les quelques débris de coquilles que j'ai mentionnés ne pourraient point permettre de reconnaître si, dans cette supposition, cette partie inférieure du deuxième étage de la craie est formée par un dépôt marin ou par un dépôt d'eau douce comme l'est, en Angleterre, la formation qui doit y correspondre. Si les roches dont je m'occupe ici étaient de formation marine, et représentaient réellement le terrain néocomien, comme on observe près de Boulogne des calcaires d'eau douce et des sables ferrugineux également lacustres qui doivent être rapportés au *Purbeck stone* et aux *Hasting sands*, on devrait trouver dans le Pas-de-Calais le passage des formations contemporaines, néocomiennes et veldiennes; ce serait en un mot chez nous que se trouverait le rivage de l'ancienne mer Néocomienne.

Si ces roches devaient être rapportées au groupe oolitique,

réellement au groupe des formations jurassiques : puisque ce groupe est naturellement subposé à la craie, on pourrait enfin trouver des roches appartenant au groupe du grès rouge (1).

La rencontre de ces différentes roches ne pourrait être davantage un motif de découragement si les recherches étaient vraiment opportunes ; seulement ce serait une circonstance malheureuse, par suite de l'augmentation d'épaisseur qui pourrait en résulter pour les morts-terrains. Mais je dois dire, pour rassurer ceux qui se livrent aux explorations, que dans la plus grande partie du Nord et du Pas-de-Calais, le groupe crétacé paraît reposer immédiatement sur les formations primordiales. D'ailleurs, en supposant même que quelques-unes des assises du groupe oolitique ou de celui du grès rouge pussent être rencontrées au-dessous de la craie, et qu'elles présentassent une puissance assez considérable, il ne serait peut-être pas impossible que sur quelques points ce fût aux dépens de l'épaisseur de la craie elle-même qu'elles offrissent ce développement, parce qu'elles formeraient des lambeaux (2) d'une formation au-

---

on ne pourrait guère les regarder que comme correspondantes au *Portland stone*. Les sables de Portland présentent en effet quelquefois une grande ressemblance avec ceux du *grès vert*, et ce fait s'observe dans le Bas-Boulonnais.

La présence des calcaires oolitiques, dont je viens de parler, est une circonstance fort intéressante sous le rapport géologique. J'en ai parlé en détail, dans le but de faire voir combien de considérations délicates sont nécessaires pour se former une opinion sur les terrains qu'on traverse.

(1) Il ne faut pas confondre le groupe du grès rouge avec le vieux grès rouge (*old red sandstone*), qui est une des assises du groupe carbonifère.

(2) Il faut remarquer cependant que ce n'est point généralement dans ces conditions que le terrain oolitique se présente chez nous ; il est ordinairement assez développé, et par con-

trefois étendue, lesquels auraient été enveloppés et recouverts par le grand dépôt de la craie, ainsi que le démontre la *fig. 4, Pl. I.*

pp. Formations primordiales ;

gv. Étage inférieur de la craie, étage du *grès vert* ;

c. Étage supérieur de la craie, ou craie proprement dite ;

i. Formations intermédiaires entre la craie et le terrain de transition.

GROUPE OOLITIQUE.

J'aurai peu de choses à dire sur le groupe oolitique, parce qu'il ne se présente pas habituellement dans les parties de nos contrées où il est convenable d'entreprendre des recherches de houille. Il paraît jusqu'ici borné au Bas-Boulonnais. Néanmoins, comme des explorations ont été tentées à plusieurs reprises dans cette localité, et qu'il s'en exécute encore maintenant, je devrai signaler sommairement les principaux caractères des formations qui le composent (1).

Le groupe oolitique peut être divisé en trois étages principaux (2).

---

séquent la rencontre, au-dessous de la craie, de roches appartenant à ce terrain, serait réellement une circonstance fâcheuse offrant presque une valeur négative, si l'on n'avait point les motifs les plus puissants pour continuer les recherches: Il faudrait, d'ailleurs, savoir distinguer les roches oolitiques appartenant au groupe oolitique de celles que j'ai signalées dans l'étage *du grès vert*.

(1) Si l'on voulait obtenir plus de détails sur ces formations, on pourrait consulter la description géognostique du bassin du Bas Boulonnais, par M. Rozet.

(2) M. Rozet a divisé les terrains jurassiques du bassin du Bas Boulonnais en quatre formations, savoir :

1° Formations du gryphœa virgula (Portland stone et Kimmeridge clay) ;

Étage supérieur.
Énumération
des roches.

Lignites dans l'é-
tage supérieur du
groupe oolitique.

Roches présentant
quelque analogie
d'aspect avec celles
du terrain houiller.

Étage moyen.
Énumération
des roches.

L'étage supérieur (1) présente vers le haut des sables et des grès calcaires; au.dessous viennent des marnes d'un gris bleuâtre plus ou moins feuilletées, qui passent vers le bas à des calcaires marneux. On trouve disséminés dans cet étage comme dans l'étage inférieur de la craie des lignites fibreux et piciformes. D'ailleurs les marnes sont quelquefois feuilletées et micacées. Les grès calcaires supérieurs eux-mêmes sont quelquefois aussi fissiles et pailletés de mica ; ainsi ces marnes et ces grès peuvent accidentellement présenter un facies général susceptible de tromper les ouvriers qui ne sont point en état de bien reconnaître la composition des roches. Il faudra donc se tenir en garde contre les erreurs qu'ils pourraient commettre ; ces erreurs au reste ne seraient point de longue durée : car bientôt on rencontrerait des roches qui ne pourraient plus tromper ces ouvriers eux-mêmes.

Le deuxième étage présente, à partir du haut, des calcaires marneux et compactes, des calcaires lumachelles (coquilliers) et des calcaires oolitiques quelquefois désagrégés, des calcaires siliceux, des calcaires sableux, enfin des sables ferrugineux auxquels succèdent des marnes bleuâtres, puis des calcaires marneux alternant avec de minces couches de marne feuilletée (2).

2° Première formation oolitique (coral rag) ;

3° Formation du gryphœa cymbium (Oxford clay) ;

4° Deuxième formation oolitique (Bath oolite, great oolite).

Dans la division que j'ai adoptée j'ai réuni, conformément à l'usage suivi par les géologues anglais et ceux du continent, le coral rag et l'Oxford clay dans l'étage moyen.

(1) Les espèces de coquilles les plus communes dans le 1er étage sont le gryphœa virgula, qui le caractérise, et les trigonies.

(2) Les espèces principales du 2e étage sont, suivant M. Rozet, des nérinées et des ostrea gregarea. Dans la partie marneuse inférieure on trouve des gryphœa dilatata, des gryphœa cymbium, suivant M. Rozet.

Le troisième étage présente dans sa partie supérieure des calcaires oolitiques en bancs très-réguliers auxquels succèdent des calcaires compactes ferrugineux , puis une succession de marnes bleuâtres, de sables ferrugineux et de sables blancs (1).

Jusqu'ici nous ne connaissons le groupe oolitique que dans le Bas-Boulonnais ; mais comme je l'ai dit précédemment, il ne serait point impossible qu'on en rencontrât quelques assises au-dessous de la craie dans d'autres points de nos départements. Je n'ai pas besoin de rappeler quelle serait la valeur d'une circonstance pareille.

GROUPE DU GRÈS ROUGE (2).

Je rapporte au groupe du grès rouge un poudingue (3) très-rare dans nos pays présentant un ciment psammitique rougeâtre ou verdâtre qui contient des noyaux divers de roches primordiales, principalement de calcaires la plupart fétides. Ces noyaux ou galets offrent toutes sortes de grosseurs depuis celle d'un pois jusqu'à celle de la tête ; on y trouve mélangés des galets de psammites et de grès anciens

Étage inférieur, Énumération des roches.

Poudingue.

---

(1) Les calcaires oolitiques renferment des terebratula octoplicata , qui les caractérisent. (Rozet.)

On sait que dans le nord de l'Angleterre l'étage inférieur du groupe oolitique contient des grès , des schistes carbonifères et de la houille. Il n'en contient pas dans la partie méridionale de ce pays, et il paraît en être de même chez nous.

(2) Voir la note (1) de la page 34.

(3) On trouve aussi des poudingues dans le groupe silurien de nos pays , ainsi que nous le verrons plus tard ; mais ces poudingues ne peuvent être confondus avec celui dont je parle ici. Ce poudingue n'est point recouvert , et ne contient point de fossiles ; on ne peut donc en déterminer l'âge d'une manière certaine, et la place que je lui assigne ici d'après l'ensemble de ses caractères ne peut être considérée que comme provisoire.

et des fragments plus ou moins roulés de quartz compacte.

Les bancs de poudingue sont séparés par des lits d'argile schisteuse de peu de consistance, verdâtre ou rougeâtre, et de psammite sablonneux friable. Sur le point où j'ai pu observer cette formation, j'ai trouvé une faible inclinaison au N.

Cette inclinaison est malheureusement un caractère commun avec les terrains primordiaux de notre pays, et par conséquent une circonstance qui ne permettrait plus de distinguer aussi facilement de ces terrains le groupe dont je parle.

Observations à faire sur le poudingue du groupe du grès rouge, s'il était rencontré dans la profondeur à l'aide de la sonde.

Si l'on rencontrait des conglomérats semblables dans la profondeur, à l'aide de la sonde, il faudrait prendre les précautions nécessaires pour bien en constater la nature. Les calcaires que la sonde ramènerait ne devraient point toujours faire abandonner des recherches réellement opportunes, si l'on reconnaissait qu'ils forment les galets d'un poudingue, que par conséquent ce ne sont que des débris de terrains primordiaux. De même aussi la présence de roches identiques avec celles du terrain houiller ne serait point un motif pour se croire assuré du succès, si l'on reconnaissait l'état dans lequel ces roches se trouvent. J'ai déjà eu occasion de voir un sondage exécuté dans les conglomérats dont je parle ici, et j'ai pu juger combien on tient peu compte de toutes ces considérations. Aussi ai-je cru nécessaire de les signaler.

APPENDICE AUX MORTS-TERRAINS.

Calcaires compactes postérieurs à quelques dépôts houillers.

On pourrait encore faire rentrer dans la classe des morts-terrains certains calcaires compactes (marbres) du Boulonnais qui recouvrent le terrain houiller de cette localité; soit que ces cal-

caires doivent être considérés comme appartenant encore au groupe carbonifère, soit qu'on se
trouve autorisé , par certaines considérations
géologiques, à les séparer des formations primordiales et à les rapporter au terrain secondaire (1).

Ces calcaires présentent, comme les poudingues dont il vient d'être question , des inclinaisons
plus ou moins prononcées qui constituent un ca-

Ressemblance de ces calcaires avec ceux plus anciens que les dépôts houillers.

(1) Les marbres dont il est ici question , dans quelques points
où j'ai pu les observer, paraissent présenter une discordance
de stratification avec les terrains de transition du voisinage ,
particulièrement avec la formation houillère. Ils sont d'ailleurs
superposés au terrain houiller du Boulonnais, sans qu'on puisse
reconnaître un renversement de couches. Il faut donc les regarder comme plus récents que ce terrain houiller, et cette
circonstance, jointe à la discordance de stratification qu'ils paraissent présenter avec les terrains primordiaux, pourrait en-
gager à les reporter dans le terrain secondaire dont leurs caractères minéralogiques, du reste, ne sauraient les exclure.

On ne peut guère espérer de trouver dans les fossiles un moyen
certain de trancher la question : car, comme on le sait, les
caractères zoologiques du *zechstein*, auquel il faudrait apporter
ces calcaires, se rapprochent de ceux du groupe carbonifère, à
tel point que la détermination des roches de ces époques peut
présenter quelquefois des difficultés insurmontables , lorsque les
conditions de gisement ne donnent pas le moyen de la faire.

L'inclinaison que présentent le poudingue que j'ai rapporté
au groupe du grès rouge, et les calcaires dont il vient d'être
question , montrerait que le sol de nos contrées a encore éprouvé
des mouvements après le dépôt des premiers terrains secondaires, et même, comme on le verra plus loin , les directions
principales des accidents de stratification dans nos contrées se
rapporteraient aux dislocations qui ont suivi le dépôt du zechstein.

Si les calcaires dont je m'occupe ici devaient être séparés des
terrains secondaires, il faudrait les regarder comme appartenant encore au calcaire carbonifère, et le terrain houiller du
Boulonnais serait subordonné à ce calcaire ; on aurait ici une
circonstance pareille à celle qu'on observe dans le nord de l'Angleterre. La considération des fossiles pourrait jusqu'à présent
faire pencher vers cette opinion. Qu'elle soit adoptée, il n'en
sera pas moins vrai que les roches dont je viens de discuter l'âge
sont postérieures à certains dépôts houillers, et qu'elles sont
comme des morts-terrains par rapport à ces dépôts.

ractère commun avec les formations primordiales. Ils offrent d'ailleurs encore d'autres points de ressemblance avec les calcaires de ces formations, et particulièrement avec ceux du groupe carbonifère, par exemple dans la composition et dans la texture. Ils présentent aussi la même fétidité ; seulement leur teinte est moins foncée que ne l'est généralement celle des calcaires de transition de nos contrées.

Difficultés que présenterait l'appréciation de ces calcaires, s'ils étaient rencontrés dans les explorations.

Si l'on rencontrait à une certaine profondeur au-dessous de la craie des calcaires semblables, ce ne serait donc qu'avec une grande circonspection qu'on devrait se décider à les regarder comme morts terrains, et à continuer l'exploration, puisqu'il serait la plupart du temps bien difficile d'en déterminer l'âge géologique ; et les fossiles eux-mêmes, en supposant que l'on en trouvât, ne donneraient sans doute pas, la plupart du temps, des indices suffisants. Je ne pourrais ici donner de règles générales à cet égard. Il faut voir les cas particuliers : toujours serait-il nécessaire de prendre en considération le degré d'opportunité des recherches, les motifs qui les ont fait entreprendre; et c'est alors surtout que l'on sentirait la nécessité de comparer les faits entre eux, pour tâcher de bien reconnaître les conditions dans lesquelles on se trouve placé.

Si ces calcaires affleuraient au sol, il ne serait permis d'y entreprendre des explorations qu'autant qu'on se verrait bien fondé à les regarder comme postérieurs à quelque dépôt houiller, qu'autant d'ailleurs qu'on aurait des motifs suffisants pour tenter des explorations sur les points qu'ils occupent.

CHAPITRE III.

FORMATIONS PRIMORDIALES.

La classe des formations primordiales de sédi-ment est celle qui doit principalement nous inté-resser; car le terrain houiller s'y trouve compris, et il est intimement lié aux terrains qui l'avoisi-nent. Il faudra donc faire une étude complète des circonstances que ces diverses formations présen-tent dans leurs caractères, dans leurs relations et dans leur marche générale; car c'est sur cette étude que doivent être basées toutes les considérations re-latives aux recherches.

Les morts-terrains, au contraire, ne présentent dans ces considérations aucune importance. C'est un manteau plus ou moins épais qui couvre presque partout les formations primordiales, et qu'il faut traverser complétement dans les différentes explo-rations, avant qu'elles n'offrent le moindre inté-rêt. Nous pourrons donc faire un instant abstrac-tion de ce manteau pour n'envisager que les forma-tions qu'il importe particulièrement d'examiner.

Chacune de ces formations mérite une attention toute particulière. Il est tout à fait indispensable, en effet, de savoir les distinguer entre elles, et surtout de savoir distinguer le terrain houiller de toutes les formations inférieures. C'est cette appré-ciation parfaite des différents terrains qui doit sur chaque point trancher la question, en décidant s'il y a lieu de poursuivre les travaux ou de les aban-donner; et, dans ce dernier cas, c'est elle qui doit faire juger le plus souvent vers quels nouveaux points il convient de se porter.

L'examen détaillé de chacune des assises de nos formations primordiales est d'autant plus nécessaire ici, qu'on semble ne distinguer généralement parmi ces formations que deux genres de terrain. On rapporte au terrain houiller toutes les roches arénacées, et on regarde dès lors celles calcaires comme les seules négatives. Aussi suffit-il ordinairement que l'on n'ait point rencontré les dernières pour que l'on continue les recherches.

Ces erreurs sont d'autant plus difficiles à rectifier, que souvent il arrive que les formations inférieures au terrain houiller présentent, dans quelques-unes de leurs assises, une certaine ressemblance avec ce terrain. On s'attache à cette ressemblance, qui, pour les personnes inexpérimentées, constitue une identité complète, et l'on ferme les yeux sur les caractères distinctifs ; soit que ces caractères se fassent jour dans les assises même dont je parle, soit qu'ils se montrent plus prononcés dans les assises voisines.

En m'occupant des différentes formations en particulier, j'indiquerai les caractères qui peuvent servir à les distinguer, et en même temps je signalerai les points de ressemblance qui pourraient faire confondre avec le terrain houiller les formations plus anciennes. Je tâcherai de faire apprécier la valeur réelle de ces analogies. Je chercherai aussi à faire comprendre jusqu'à quel point l'appréciation des roches peut être dans certains cas délicate ; combien, par conséquent, il faut apporter de soin dans cette appréciation ; combien enfin il est nécessaire de ne négliger aucun des moyens qui peuvent permettre d'arriver à une détermination exacte.

Ce n'est qu'après avoir ainsi envisagé séparément chacune des assises de nos terrains de transition, en donnant du reste seulement ce qui est essentiel (1) pour guider ceux qui se livrent aux recherches, que je considérerai ces terrains dans leur ensemble, afin de faire connaître les circonstances principales qu'ils présentent dans leurs relations et dans leurs allures.

Je parviendrai alors à faire comprendre le but qu'on doit se proposer dans les travaux d'exploration, la marche générale qu'il convient d'adopter pour l'atteindre. L'étude détaillée des formations ne doit servir qu'à éclairer l'exécution.

---

(1) Je renverrai à l'excellent Mémoire de M. Dumont, sur la constitution géologique de la province de Liége, les personnes qui désireraient faire une étude plus approfondie de nos terrains de transition, de tous les accidents qu'ils présentent, de toutes les substances minérales qu'ils peuvent renfermer.

Les observations que j'ai pu faire en Belgique, et celles auxquelles j'ai pu me livrer dans les parties de nos contrées où les terrains de transition se montrent au jour, en même temps que la comparaison des résultats obtenus dans les recherches qui ont été exécutées jusqu'à présent, m'ont prouvé que nos terrains primordiaux sont les mêmes que ceux de la Belgique. Les considérations que je développerai plus tard pourront montrer aussi que l'identité de constitution est complète sous tous les rapports; l'étude du terrain de transition des bords de la Meuse est donc pour ainsi dire celle des terrains primordiaux de notre pays; et c'est pour cette raison que je renvoie à l'ouvrage de M. Dumont ceux qui voudraient avoir une connaissance parfaite de ces terrains.

Le travail de M. Dumont est un des plus remarquables qui existent en ce genre, et par l'exactitude des observations, et par les résultats que l'auteur a obtenus, puisqu'il est parvenu à jeter du jour sur la constitution si compliquée de la province de Liége. Je n'adopterai pourtant point les divisions et les dénominations qu'il a employées, parce que, comme on le verra bientôt, elles n'établissent pas d'une manière convenable l'âge géologique de nos formations primordiales.

ARTICLE PREMIER.

CLASSIFICATION ET DESCRIPTION DES ROCHES.

Les formations primordiales de nos contrées doivent être réparties entre les trois étages du terrain de transition, et la répartition la plus convenable sous le point de vue géologique est en même temps celle qui est le mieux appropriée à la question des recherches de houille.

Les divisions principales (1) que j'adopterai

---

(1) Dans le Mémoire de M. Dumont sur la constitution géologique de la province de Liége, les formations primordiales sont divisées en trois terrains, savoir :

Le terrain houiller,

Le terrain anthraxifère,

Le terrain ardoisier.

Le terrain anthraxifère est subdivisé en quatre systèmes, qui sont :

Un système calcareux supérieur,

Un système quartzo-schisteux supérieur,

Un système calcareux inférieur,

Un système quartzo-schisteux inférieur.

M. Dumont a considéré le système quartzo-schisteux inférieur comme l'équivalent de l'old red sandstone (ou vieux grès rouge), et par conséquent les trois premières assises du terrain anthraxifère comme correspondant au calcaire carbonifère : mais certaines considérations tirées principalement des caractères zoologiques des deux systèmes calcareux supérieur et inférieur, de la séparation tranchée qui existe entre ces deux systèmes, enfin du peu de différence que présentent dans les caractères pétrographiques généraux les deux formations quartzo-schisteuses, doivent plutôt faire admettre que l'old red sandstone (le vieux grès rouge) manque dans nos contrées, et que le système calcareux supérieur représente seul le calcaire carbonifère. Là se terminerait l'étage supérieur du terrain de transition ou le groupe carbonifère.

Les deux systèmes quartzo-schisteux et le système calcaire qui s'y trouve intercalé constitueraient l'étage moyen ou le groupe *silurien* établi par les derniers travaux des géologues anglais. Enfin le système ardoisier serait l'équivalent de l'étage inférieur ou du groupe *cambrien*.

M. Dufrénoy a été conduit à établir cette division dans les

seront, à partir des terrains les moins anciens :

1° Le groupe carbonifère ;

.2° Le groupe silurien ;

3° Le groupe cambrien (1).

Le groupe carbonifère comprendra :

a. Le terrain houiller (coal measures des An-glais)., essentiellement formé par un dépôt de roches arénacées et argileuses, comprenant les couches de houille qui sont l'objet des recherches. Ce terrain se divisera en système supérieur, ou houiller proprement dit (2), et système inférieur, que j'appellerai système alunifère (3).

b. Le calcaire carbonifère (mountain lime-stone des Anglais), formation essentiellement cal-caire, mais comprenant des dépôts arénacés, houillers et anthraxifères subordonnés.

---

formations primordiales des Pays-Bas, en les comparant au ter-rain de transition de l'ouest de la France, où, suivant lui, manque aussi l'old red sandstone. M. Beyrich, dans les consi-dérations qu'il a publiées sur les roches fossilifères du terrain de transition du Rhin, a séparé, d'après les considérations citées plus haut, du calcaire carbonifère, le calcaire de l'Eifel qu'on doit considérer comme correspondant au système calcareux in-férieur, pour le rapporter au même groupe que toutes les grau-wakes du Rhin.

La comparaison de nos formations primordiales avec celles de l'Angleterre, que MM. Murchison et Sedgwick ont si bien étu-diées et décrites, ne peut d'ailleurs laisser aucun doute à cet égard.

(1) Les terrains cambriens ne paraissent point exister dans un grand nombre de nos localités ; mais ils sont assez développés en Belgique, pour qu'il soit permis de croire qu'ils pourraient être rencontrés chez nous sur plus d'un point. Je devrai donc les dé-crire sommairement, en indiquant les caractères principaux qu'ils présentent dans la Belgique.

(2) Système houiller proprement dit : parce que c'est dans cette division que se trouve principalement la houille.

(3) Système alunifère, à cause des ampélites alumineux qu'il contient dans la Belgique, et qui sont des minerais d'alun.

c. Le vieux grès rouge (old red sandstone des Anglais) (1).

Le groupe silurien sera divisé en trois systèmes, savoir : (2)

a. Un système arénacé et schisteux supérieur ;
b. Un système calcareux intermédiaire ;
c. Un système arénacé et schisteux inférieur.

Le groupe cambrien se divise en :
a. Système ardoisier supérieur ;
b. Système ardoisier inférieur.

---

(1) Il n'est point sûr que le vieux grès rouge (old red sandstone) existe sur quelque point de nos départements, et, au contraire, on peut reconnaître d'une manière certaine qu'il manque entièrement dans quelques localités. Dans le Boulonnais, par exemple, on voit très-bien le contact de l'étage supérieur du terrain silurien (Ludlow rocks) et du calcaire carbonifère. J'ai dû, néanmoins, mentionner le vieux grès rouge pour bien marquer sa place, et montrer la distance géologique qui sépare le groupe silurien du calcaire carbonifère, et par conséquent des dépôts houillers qui peuvent être raisonnablement l'objet des recherches. Cette distance est importante à observer pour la question qui nous occupe. Je rappelle, d'ailleurs, qu'il ne faut pas confondre le *vieux grès rouge* avec le groupe du *grès rouge ;* ce groupe renferme des calcaires et des roches arénacées, dont les noms sont différents de celui du vieux grès rouge.

(2) Le groupe silurien est très-développé dans nos pays, et il présente une composition assez compliquée. Pour éviter des détails trop multipliés qui fatigueraient les personnes non habituées aux descriptions géologiques, je le divise seulement en trois systèmes, en associant autant que possible les roches de même nature. Ces coupes doivent suffire pour le point de vue sous lequel j'envisage nos formations primordiales.

Le système supérieur *a* établi ici doit être considéré comme l'équivalent des *Ludlow rocks* de M. Murchison.

Le système moyen *b* comprend les *Wenlock rocks* et le calcaire noir, qui précède les *caradoc sandstones.*

Le système inférieur *c* correspond aux *caradoc sandstones and conglomerats.* Il comprendrait aussi les *landeilo flags,* s'ils existent sur quelque point de nos contrées.

1° GROUPE CARBONIFÈRE.

a. TERRAIN HOUILLER. (Coal measures.)

Système houiller supérieur.

Le système supérieur du terrain houiller, ou le terrain houiller proprement dit, est essentiellement formé par une association de schistes argileux et de psammites communs ou grès micacés alternant sans ordre déterminé, soit entre eux, soit avec les couches de houille qui se trouvent intercalées au milieu du terrain.

Le schiste argileux présente plusieurs variétés. *Schiste argileux.* Composé essentiellement d'argile plus ou moins *(Roc des mineurs.)* feuilletée, quelquefois compacte, et souvent paille- Composition et texture. tée de parcelles très-fines de mica, il est tendre, d'un grain fin et doux au toucher, dans son état le plus ordinaire. Sa cassure est d'un aspect terreux et terne, surtout dans les fragments d'une faible épaisseur.

La couleur varie entre le gris, le noir et le bru- Couleur distinctive. nâtre. Je ne crois pouvoir mieux donner l'idée des caractères habituels que ces schistes présentent sous le rapport de la couleur, qu'en comparant cette couleur à celle d'une teinte d'encre de Chine plus ou moins foncée. Les teintes les plus fon- cées sont habituellement celles qui avoisinent la houille.

C'est aussi principalement dans le voisinage de Empreintes la houille que les schistes sont riches en empreintes végétales. végétales (1). Ces empreintes offrent souvent une

---

(1) Les espèces de végétaux que l'on trouve dans notre ter- rain houiller sont trop nombreuses pour qu'il soit utile de les nommer ici. Du reste, l'abondance même et la délicatesse des

représentation admirable des parties les plus délicates des végétaux auxquels elles appartiennent ; quelquefois ces végétaux sont convertis en houille éclatante ; d'autres fois ils ont éprouvé une substitution de matières étrangères.

Beaucoup des schistes du terrain houiller se délitent à l'air, et se divisent en une multitude de fragments irréguliers.

On remarque d'ailleurs que dans le voisinage immédiat de la houille la structure de la roche n'est pas tout à fait la même au toit et au mur (1). Au toit, le schiste est en feuillets droits, renfermant des empreintes bien entières ; tandis qu'au mur la structure est tout à fait irrégulière, et on ne trouve que des végétaux brisés ou froissés (2). Cette différence est assez constante pour qu'elle puisse servir à reconnaître si les couches sont renversées ou non au delà de la verticale.

Les mineurs donnent même vulgairement le nom de toit aux schistes du toit, le nom de mur

---

empreintes constituent déjà à elles seules un caractère distinctif de ce terrain. On y trouve également quelques coquilles comme des unio ; accidentellement des ammonites et des pecten , etc.

(1) On appelle toit la couche qui recouvre naturellement la veine , mur la couche sur laquelle cette veine repose. Lorsque l'ordre naturel de superposition se trouve renversé par suite des accidents dont je parlerai plus tard , le toit et le mur des couches conservent leurs noms, bien que les rôles soient changés.

(2) A Anzin et à Aniche, les couches de schiste qui sont superposées aux veines, dans les parties qu'on appelle les droits , présentent précisément les caractères qui sont ici assignés au mur. C'est le contraire à Fresnes, Vieux-Condé , etc. C'est qu'en effet , les droits du midi sont des couches renversées , et c'est improprement que les mineurs appellent toit les schistes superposés aux veines de ce côté.

J'ai dû signaler cette circonstance, parce qu'en ne considérant qu'une seule exploitation , on croirait trouver les faits en opposition avec les caractères que j'ai assignés au toit et au mur.

à ceux du mur. Ils appellent au contraire *roc* les schistes qui ne sont point en relation immédiate avec les veines de houille. Du reste, ils font souvent abus des noms précédents, en les appliquant à des roches même étrangères au terrain houiller, dès que ces roches présentent quelque analogie avec celles dont je viens de parler ; les compagnies prennent ces noms pour l'expression d'un fait réel, et elles marchent avec assurance à la rencontre des veines qui doivent se trouver comprises entre ces prétendus toit et mur, et qui malheureusement n'existent pas.

La pâte des schistes argileux, en se chargeant de matières étrangères, devient grenue, rude au toucher, et passe insensiblement au psammite. On peut trouver toutes les nuances possibles entre les deux extrêmes. *Les schistes argileux passent aux psammites.*

Nos psammites sont une roche arénacée composée principalement de grains de quartz blanc, gris ou noir, et de paillettes de mica métalloïde de couleur blanchâtre ou jaunâtre, cimenté par un peu d'argile. Quelquefois on trouve, avec le quartz, des grains de schiste, de phtanite, et même de feldspath ; mais le quartz est toujours la partie dominante. *Psammites ou grès houillers. (Cuerelles des mineurs.)*

Composition.

Les psammites sont plus ou moins fissiles, suivant l'abondance du mica, et aussi suivant la ténuité des grains qui les composent. Ils passent aux schistes, comme ceux-ci passent aux psammites. *Structure et texture.*

Généralement, dans notre terrain houiller, les joints de structure sont parallèles à la stratification ; il pourrait cependant arriver accidentellement que le parallélisme n'existât point ; car on sait que les roches arénacées sont fréquemment sujettes à un défaut de parallélisme pareil.

La couleur de la masse est le grisâtre passant au *Couleurs habituelles et distinctives*

jaunâtre (1) ou au brunâtre, présentant ainsi généralement une teinte sombre caractéristique. Cette
teinte, dans les couleurs un peu foncées, rappelle
encore celle que j'ai indiquée pour les schistes.

On ne trouve point ordinairement au contraire
ces nuances légèrement bleuâtres ou verdâtres dont
je parlerai plus tard.

*Empreintes végéta-
les des psammites.*

Les psammites contiennent, comme les schistes,
des empreintes végétales, mais moins abondamment, et ce n'est guère que dans ceux qui présentent un grain fin qu'on en rencontre. Ce sont
d'ailleurs plus souvent des tiges que des feuilles que
l'on observe.

Les deux roches dont je viens de parler constituent la masse du terrain houiller. Au milieu de
leurs couches, et parallèlement à leur stratification,
sont intercalées les veines de combustible.

Houille.
*Les houilles de-
viennent de plus en
plus sèches à mesure
qu'on arrive aux
couches les plus an-
ciennes.*

La houille n'a point la même qualité dans toute
l'étendue du terrain ; on trouve au contraire qu'elle
devient de plus en plus sèche à mesure qu'on arrive
vers les couches les plus anciennes.

*Division du terrain
houiller en trois
étages d'après cette
circonstance.*

Ces diverses qualités peuvent faire diviser le terrain houiller proprement dit en trois étages (2)
comprenant :

---

(1) Ainsi que M. Dumont le fait remarquer, c'est le carbone
atténué qui colore en noir. La nuance jaunâtre est due à du
fer disséminé en petits grains visibles, ou répandu dans la
masse comme principe colorant.

(2) M. Dumont a établi cette division dans la province de
Liége, et nous sommes conduits à faire les mêmes coupes chez
nous. En considérant le bassin de Valenciennes, on y remarque en effet trois faisceaux de charbons d'une nature très-
différente :

Dans le premier faisceau sont des houilles bitumineuses, celles
d'Anzin, etc.;

Dans le deuxième sont les houilles peu bitumineuses, les
houilles maigres de la *Bleuse-Borne*;

Dans le troisième les houilles sèches et maigres, les houilles
anthraciteuses de Fresnes, etc.

Le premier, les houilles grasses ;

Le second , les houilles maigres ;

Le troisième, les houilles anthraciteuses.

Les couches de houille sont souvent accompagnées, au toit ou au mur, d'un schiste bitumineux auquel les ouvriers donnent le nom de scaillage ou escailles.

Roches subordonnées.
Schiste bitumineux (scaillages des mineurs).

Ce schiste est d'un noir luisant, à feuillets sinueux et non parallèles, se divisant quelquefois sous les doigts en une infinité de petits fragments écailleux , présentant d'autres fois une assez grande solidité. Les parcelles de ce schiste sont prises souvent pour du charbon ; mais lorsqu'elles sont tout à fait broyées, elles offrent une poussière grise , et non la poussière d'un noir brun de la houille. Du reste , ce schiste constitue , lorsqu'il accompagne les houilles grasses , une sorte de combustible dont on tire souvent parti sur les lieux d'exploitation. Considéré comme roche , il n'a que bien peu d'importance.

Les parcelles de schistes bitumineux sont quelquefois confondues avec la houille.
Caractères distinctifs des deux roches.

Il n'est pas rare non plus que les veines de houille soient divisées en deux ou trois parties par des lits d'argile noire tendre ou pulvérulente que l'on appelle houage ou havrit. Cette argile sépare quelquefois la veine de son mur. Souvent aussi les schistes renferment entre leurs feuillets plus ou moins contournés des rognons aplatis de fer carbonaté lithoïde (1), disposés par couches. Ce fer carbonaté se trouve également en lits subordonnés.

Houage ou havrit.

Fer carbonaté lithoïde.

---

(1) Les caractères principaux du fer carbonaté lithoïde sont : une texture grenue ou compacte, un aspect mat ; une couleur d'un gris noirâtre ou rougeâtre, surtout à la surface, par suite d'un commencement de décomposition. Au feu , la matière rougit et devient attirable à l'aimant. C'est là un caractère essentiel.

Poudingue psammitique rare.

Enfin on trouve accidentellement dans notre terrain houiller un poudingue psammitique différent du psammite commun par la grosseur des grains de quartz et de phtanite, qui atteignent quelquefois le volume d'un pois, presque jamais d'une noisette. Ce poudingue est très-rare chez nous.

Calcaire subordonné.

On peut trouver aussi des masses de calcaire intercalées dans le terrain ; cette circonstance est exceptionnelle dans le terrain houiller proprement dit.

Système houiller inférieur ou système alunifère.

Je donne le nom de système alunifère à cette subdivision du terrain houiller, parce qu'elle est caractérisée en Belgique par la présence des Ampélites alumineux (des schistes alunifères) qu'on exploite comme minerais d'alun. Outre ces schistes alunifères, elle contient du quartz grenu et du phtanite. Ces roches sont rangées ici à peu près suivant leur ordre d'ancienneté.

Schiste alunifère ou ampélite alumineux.
Caractères.
Calcaire fétide subordonné

Le schiste alunifère présente une structure feuilletée. Il est grisâtre ou noirâtre et tachant. Il rougit par l'action du feu. Au milieu des schistes, on trouve quelquefois subordonnées des masses arrondies de calcaire très-fétide.

Quartz grenu.
Caractères.

Le quartz grenu offre une texture grenue très-serrée. La cassure est lisse et cireuse. Les fragments présentent souvent une certaine translucidité sur les bords. La couleur varie du gris au noir.

Phtanite ou kiesel schiefer.

Le phtanite ou kiesel schiefer présente une texture compacte, une cassure à surface généralement terne, droite ou conchoïde (1). Sa couleur est d'un

____

(1) La cassure du silex peut donner une idée de la cassure conchoïde.

gris plus ou moins foncé. Il est ordinairement opaque. Il passe d'un côté, en se chargeant d'argile et de sable, aux psammites et aux schistes, de l'autre au silex pyromaque, en prenant une certaine translucidité.

On trouve quelquefois intercalés au milieu du système alunifère des lits de combustible terreux (1).

Combustible

Ce terrain n'est généralement que très-peu développé ; souvent il ne présente qu'une seule ou deux des roches que je viens de décrire ; souvent aussi il manque entièrement.

Observations.

J'en ai parlé parce qu'il se présente dans une assez grande partie de la Belgique, et chez nous les résultats de certains forages (2) du département du Nord me font penser qu'il existe sur quelques points (3).

----

(1) Le système alunifère présente encore des empreintes végétales ; on y trouve aussi quelques productus, quelquefois des ammonites, enfin des encrinites.

(2) J'ai trouvé, dans un de ces forages établi vers la limite probable de la zône houillère, des phtanites noirs, des phtanites gris et du quartz grenu grisâtre.

(3) Peut-être pourrait-on rapporter encore à la deuxième division du terrain houiller une partie du terrain houiller du Boulonnais, présentant des calcaires subordonnés, des phtanites, enfin des psammites ainsi que des schistes calcarifères. Si les calcaires dont j'ai parlé à la page 38 appartenaient au calcaire carbonifère, le terrain houiller du Boulonnais serait évidemment d'une époque plus ancienne que celui de la Belgique. Mais en supposant même que ces calcaires dussent être rapportés au zechstein, l'ensemble des caractères d'une partie du terrain houiller du Boulonnais pourrait encore faire regarder ce terrain comme appartenant aux assises inférieures de la formation houillère. Je ferai remarquer en passant que déjà on y observe parfois quelque altération dans les teintes que j'ai signalées pour les psammites et les schistes houillers, et ces altérations paraissent augmenter en descendant dans les couches les plus anciennes. On trouve même, sur certains points, à la base du terrain houiller, des grès d'un blanc grisâtre, ou jaunâtre ou bleuâtre, ressemblant à quelques psammites du système silurien supérieur, mais contenant d'autres fossiles.

b. CALCAIRE CARBONIFÈRE (Mountain Limestone).

Le calcaire carbonifère est essentiellement composé de calcaires compacts ou grenus et de dolomies ou calcaires magnésiens.

Les premiers calcaires offrent, suivant le degré de finesse de leur grain, une cassure droite et unie, ou raboteuse et inégale.

Calcaires. Caractères habituels.

Leur dureté est habituellement celle du marbre ordinaire, mais accidentellement ils deviennent siliceux et peuvent rayer le verre par certaines arêtes aigües, ou étinceler sous le briquet.

Quelquefois ils acquièrent une texture sublamellaire par la présence de parties spathiques; quelquefois enfin cette texture devient très-grenue et cristalline, parce que la roche se charge de magnésie et passe à la dolomie. Elle n'est plus alors que lentement soluble dans l'acide nitrique.

Couleurs.

Souvent les calcaires offrent une teinte uniforme d'un gris plus ou moins foncé qu'ils doivent au carbone disséminé dans la masse comme principe colorant; quelquefois ils présentent des couleurs variées, et des teintes d'un brun plus ou moins foncé que leur communique le fer à l'état d'oxyde anhydre ou hydraté. Certaines espèces, en raison de leur compacité et de leurs teintes agréables, constituent des marbres polissables. Au feu les colorations disparaissent, et le calcaire donne une chaux d'une entière blancheur.

Fétidité.

Les calcaires grisâtres ou noirâtres dégagent souvent, par le choc ou le frottement, une odeur fétide (1) prononcée qui leur a fait donner le nom de

---

(1) On sait que cette odeur fétide, développée par le choc ou le frottement, est celle de l'hydrogène sulfuré, et elle doit être attribuée à la décomposition des matières animales contenues dans le calcaire.

calcaires fétides. Dans le Boulonnais ils sont connus sous le nom de stinkalk ou pierre puante (1).

La dolomie présente comme caractères essentiels, une texture grenue et cristalline, à grains plus ou moins fins offrant toujours un éclat nacré lorsqu'ils sont bien distincts. La masse est criblée d'une multitude de petites cavités irrégulières, et l'espèce de porosité qui en résulte est tout à fait caractéristique.

Dolomie ou calcaire magnésien. Texture et structure.

La solidité de la roche est extrêmement variable; tantôt elle résiste parfaitement au choc des outils, et tantôt au contraire elle se désagrége facilement, et s'égrène même entre les doigts.

La couleur est d'un gris jaunâtre plus ou moins foncé tirant quelquefois sur le brunâtre. Généralement la teinte est sombre.

Couleur.

La dolomie forme ordinairement un étage particulier au milieu du calcaire commun, ou constitue la base de la formation. On en observe aussi accidentellement à diverses hauteurs.

On trouve subordonné aux calcaires et à la dolomie, mais plus particulièrement au calcaire, du phtanite en rognons ou en lits. Ce phtanite a les mêmes caractères à peu près que celui du terrain houiller, mais l'aspect est généralement moins terne, la couleur habituellement plus foncée. On en rencontre qui fait légèrement effervescence avec les acides, qui contient par conséquent une petite quantité de calcaire.

Roches subordonnées.

Phtanite.

Enfin on trouve dans le calcaire, accidentellement, des lits de houille anthraciteuse.

Lits de houille anthraciteuse dans le calcaire.

---

(1) On donne du reste indifféremment ce nom au calcaire carbonifère et au calcaire silurien.

Dépôts houillers et anthraxifères subordonnés.

Indépendamment de ces lits de houille renfermés dans le calcaire même, la formation du calcaire carbonifère contient quelquefois des dépôts arénacés, houillers ou anthraxifères, subordonnés, et présentant un développement plus ou moins considérable (1).

Ces dépôts offrent souvent à peu près les mêmes caractères que le terrain houiller proprement dit. Quelquefois ils présentent de légères différences. Ils contiennent, par exemple, des calcaires intercalés, des phtanites et des quartz grenus. Généralement ils sont moins riches en houille que le terrain houiller proprement dit.

Fossiles.

Le calcaire carbonifère renferme un assez grand nombre de fossiles, et quelques-uns peuvent servir à le caractériser (2).

c. VIEUX GRÈS ROUGE (Old red Sandstone).

Pour mémoire (3).

---

(1) Telle serait la position des houilles du Boulonnais, si les calcaires qui les recouvrent appartiennent encore au groupe carbonifère. V. la note p. 39.

(2) M. Dumont a fait voir que dans la province de Liége le système calcareux supérieur, qui est l'équivalent du calcaire carbonifère, est caractérisé par différents productus, des évomphalus et des bellérophons, des crinoïdes lamellaires disséminés dans certains bancs d'un gris foncé, des cyatophillum cespitosum, des syringopora ramulosa.

Dans le terrain de transition du Rhin, M. Beyrich a signalé aussi, comme fossiles distinctifs du calcaire carbonifère, différents productus (productus antiquatus, comoïdes, punctatus); le spirifer trigonalis, plusieurs espèces de térébratules lisses, enfin des goniatites à lobe dorsal divisé et à coquille plissée (l'ammonites sphœricus et l'ammonites Lysteri).

Suivant M. de Verneuil, on trouve aussi dans le Boulonnais une térébratule voisine de la terebratula hastata, différents productus, et particulièrement le productus comoïdes.

(3) Voir la note de la page 46.

2° GROUPE SILURIEN.

a. SYSTÈME ARÉNACÉ ET SCHISTEUX SUPÉRIEUR.

(Ludlow rocks.)

Les roches principales du système arénacé et schisteux supérieur sont des schistes argileux et des psammites. On y trouve aussi des calcaires,

Les schistes argileux ont une texture terreuse *Schistes.* et une structure feuilletée dans le sens de la strati- Composition, texture, structure. fication (1). Très-souvent ils sont pailletés de mica. Plusieurs variétés se délitent facilement à l'air.

Leur couleur est généralement le gris passant Couleurs. au gris verdâtre ou au gris jaunâtre, ou enfin au gris brunâtre.

Quelques échantillons présentent une teinte qui Teintes présentant se rapproche beaucoup de celle des schistes du quelque analogie avec celles du terterrain houiller, et qui les fait confondre avec eux. rain houiller. Cependant, en ayant sous les yeux les roches des deux terrains, on peut y trouver ordinairement une légère différence dans les caractères minéralogiques, même sous le rapport de la nuance.

Les psammites sont composés de grains de *Psammites.* quartz et de paillettes de mica, tantôt réunis sans Composition, texciment, tantôt agrégés par une petite quantité ture, structure. d'argile, et quelquefois même par un ciment calcarifère.

Les psammites se divisent en feuillets plus ou moins épais suivant la grosseur des grains, l'abondance et la disposition du mica; on trouve quelquefois de petites couches très-minces entièrement feuilletées, presque entièrement composées

---

(1) Il est bon de se rappeler ici l'observation faite à la page 49, relativement aux joints de structure des roches du terrain houiller.

de mica. La roche se désagrége facilement sous les doigts en petites écailles argentines.

La couleur habituelle du psammite est le grisâtre, ou le gris jaunâtre, ou le gris verdâtre, passant au gris noirâtre. On en trouve d'un blanc sale légèrement verdâtre, et micacé sur la surface des feuillets. Accidentellement certaines assises du psammite sont colorées en rouge, et cette circonstance paraît se lier à la présence de minerais de fer oxidé rouge; mais on ne doit pas s'attendre en général à rencontrer cette couleur.

Quelquefois les échantillons d'un gris plus ou moins foncé peuvent être pris pour les psammites du terrain houiller. Mais généralement, avec un peu d'habitude et un peu d'attention, on peut reconnaître une différence entre les deux genres de roches, principalement à cause de la nuance légèrement bleuâtre que présente le psammite silurien.

On peut diviser le système arénacé supérieur en deux étages; le premier renfermant principalement les psammites; le second, les schistes plus ou moins pailletés. Au contact du système calcareux intermédiaire, ces schistes deviennent quelquefois calcarifères et passent à un calcaire schisteux.

Au milieu du système, se trouvent quelquefois subordonnés des calcaires. Souvent ce sont simplement des masses ovoïdes et aplaties, plus ou moins étendues, enveloppées dans les feuillets du schiste. Elles sont chargées de sable psammitique, et constituent une sorte de macigno compacté. Quelquefois aussi le calcaire prend un certain développement, et forme un véritable étage au milieu du système arénacé (1).

Couleurs habituelles.

Couleurs accidentelles.

Certaines variétés peuvent être confondues avec les psammites du terrain houiller.

Caractères d'élimination.

Ordre de superposition des roches.

Calcaires subordonnés.

______

(1) M. Dumont, dans son mémoire sur la province de Liége,

On peut trouver accidentellement, dans le système arénacé supérieur, des lits de houille anthraciteuse : on en exploite une couche dans cette position en Belgique (suivant **M. Dumont**). *Houille anthraciteuse subordonnée, rare.*

Les deux étages de cette formation contiennent des débris organiques (1). *Fossiles.*

b. SYSTÈME CALCAREUX INTERMÉDIAIRE. (Wenlock rocks, etc.)

Les calcaires du système calcareux silurien sont les mêmes, sous le rapport pétrographique, que ceux du groupe carbonifère ; il est inutile de les décrire de nouveau. *Calcaires.*

Comme dans la dernière formation, on trouve subordonnée au calcaire silurien une dolomie qui se distingue généralement peu de celle que j'ai déjà décrite. Dans quelques localités cependant la dolomie silurienne est plus lamellaire et plus compacte que l'autre, et celle-ci est plus granulaire. Je pourrais citer le Boulonnais, où la différence que *Dolomie.*

---

paraît attacher très-peu d'importance à ces calcaires ; mais je dois dire que je leur ai trouvé moi-même un assez grand développement sur certains points de la Belgique. Ils correspondent sans doute aux *Aymestry Limestones* qui forment un étage particulier au milieu des *Ludlow rocks* de l'Angleterre.

(1) Dans les schistes on trouve assez communément des spirifères (spirifer attenuatus) et des térébratules ; plus rarement des pecten, strophomæna, unio, etc. Dans le psammite les débris organiques sont bien moins abondants, et leurs empreintes sont plus grossières. C'est principalement dans le voisinage des calcaires subordonnés qu'on trouve les fossiles. Les calcaires eux-mêmes en sont quelquefois pétris. On remarque dans ces calcaires, principalement, des térébratules et des crinoïdes lamellaires. Dans le Boulonnais, le système arénacé supérieur, qui est généralement assez peu développé et présente généralement des psammites jaunâtres, contient, avec des cypricardia , le bellerophon globatus. La présence de ce fossile, suivant M. Murchison, prouve que l'on est là à la limite du groupe silurien.

je viens de signaler est assez tranchée, et où la dolomie silurienne est criblée de cavités remplies de cristaux rhomboédriques nacrés de chaux carbonatée magnésienne.

Lorsque le système calcareux dont je m'occupe ici est très-développé, il présente quelquefois, à sa partie inférieure, des calcaires noirs très-fétides qui sont séparés des calcaires supérieurs par des schistes colorés, souvent violacés ; et nous pouvons *Schistes subordonnés.* considérer ces schistes comme une formation subordonnée à notre système calcareux (1). Mais ce développement n'existe pas toujours, et il n'est pas rare que les schistes manquent entièrement. Le système calcareux présente alors plus de simplicité.

Différence que présentent souvent dans l'ensemble de leurs caractères minéralogiques les calcaires carbonifères et siluriens. Bien que les caractères minéralogiques des calcaires carbonifères et siluriens se confondent ordinairement, on remarque souvent que les roches du système supérieur sont d'un gris plus foncé et plus bleuâtre que celles du système inférieur ; mais cette différence n'est point assez constante pour qu'elle puisse servir de moyen d'élimination, et fréquemment même j'ai vu, aussi bien chez nous qu'en Belgique, des calcaires d'un gris bleuâtre très-foncé dans le système calcareux dont je m'occupe ici (2).

---

(1) Les calcaires supérieurs correspondent aux *Wenlock limestones*; les schistes, aux *Wenlock shales*; les calcaires noirs inférieurs, aux calcaires noirs qui précèdent les grès et les conglomérats du *Caradoc sandstone*. On trouve dans le Boulonnais un exemple de ce développement du système calcareux intermédiaire.

J'ai réuni dans une même division toutes les roches que je viens de signaler, afin de grouper, autant que possible, tous les calcaires du terrain silurien, et de simplifier les descriptions. Cette simplification est bien permise pour la question qui nous occupe.

(2) Il faut même remarquer que ces couleurs foncées sont habituelles au calcaire subposé aux *Wenlock shales*.

Les débris organiques (1) au contraire diffèrent assez dans les deux terrains pour qu'ils puissent servir à les distinguer, et ils constituent le seul caractère d'élimination sur lequel on puisse compter. *Différence des caractères zoologiques des deux systèmes calcareux.*

Si donc on trouve des fossiles dans le calcaire en effectuant les recherches, il faut les recueillir avec soin pour les faire déterminer. On pourrait par là parvenir à reconnaître à quel système appartient le calcaire rencontré, et nous verrons plus tard quelle peut être l'utilité de cette appréciation.

c. SYSTÈME ARÉNACÉ ET SCHISTEUX INFÉRIEUR.

(Caradoc sandstone.)

Le système arénacé et schisteux inférieur est composé de schistes, de psammites, de grès et de poudingue.

Le schiste est fréquemment pailleté de mica *Schiste.*

---

(1) Le calcaire silurien, suivant M. Dumont, est caractérisé par certaines térébratules (terebratula explana, terebratula aspera, terebratula prisca); des spirifères (spirifer attenuatus); un grand nombre de polypiers différents pour la plupart de ceux du calcaire supérieur. Ainsi le cyatophillum ananas, cyatophillum pentagonum, cyatophillum quadrigeminum, cyatophillum plicatum.

Dans le calcaire de l'Eifel, qui doit être regardé comme correspondant du calcaire silurien, M. Beyrich cite aussi la terebratula prisca, le spirifer aperturatus, quelques espèces d'orthis, genre qui manque au contraire dans le calcaire supérieur; des cyrtocératites, et des spirula tout à fait particulières au calcaire de l'Eifel; enfin les goniatites de ce calcaire n'ont point la coquille plissée comme celles du calcaire carbonifère.

Suivant M. de Verneuil, dans le calcaire silurien du Bas-Boulonnais, on trouve aussi plusieurs espèces d'orthis, de spirifères, de térébratules (T. prisca, T. concentrica, T. plicatella), des natices, des turbo, etc. On y trouve aussi le retepora prisca, l'aulopora conglomerata, des calamopora spongites; différents cyatophillum (C. radicans, ananas, etc.); enfin des crinoïdes particuliers.

disséminé quelquefois en paillettes presque imperceptibles.

Il a, comme ceux du système supérieur, une structure feuilletée et une texture terreuse, mais ses couleurs habituelles sont différentes. Souvent il est d'un rouge brunâtre assez foncé, quelquefois maculé de taches de vert grisâtre. On en trouve aussi dont toute la masse est d'un gris verdâtre ou d'un gris jaunâtre, et il n'est pas rare de rencontrer des teintes grises assez foncées se rapprochant de celles du terrain houiller, mais présentant généralement une nuance légèrement verdâtre ou bleuâtre comme les schistes du système arénacé et schisteux supérieur que j'ai signalés précédemment : avec un peu d'habitude on parvient encore à distinguer cette nuance.

Néanmoins je dois dire que j'ai vu plus d'une fois les schistes dont je parle maintenant confondus complétement avec le terrain houiller, et l'erreur est d'autant plus facile qu'ils renferment quelquefois des empreintes végétales. Du reste les ouvriers prennent pour le terrain houiller les roches mêmes qui en diffèrent le plus par les caractères minéralogiques, et particulièrement par la couleur; ainsi on doit s'attendre à de fréquentes méprises, et c'est un motif pour examiner avec attention les roches, pour les faire apprécier surtout par les personnes habituées aux appréciations de ce genre.

Les psammites sont principalement composés d'un sable quartzeux très-fin cimenté par une argile ferrugineuse. Ils sont pailletés comme ceux du système arénacé supérieur, mais généralement le mica y est bien moins abondant que dans ce dernier système.

La roche est souvent fissile dans le sens de la stratification; mais quelquefois aussi elle présente des joints de structure non parallèles à cette stratification.

Les couleurs habituelles sont celles que j'ai signalées pour le schiste.

Couleurs.

On trouve aussi des psammites d'un gris jaunâtre
ou d'un jaune grisâtre comme quelques variétés du
psammite supérieur; enfin on en trouve de grisâtres
que l'on peut facilement confondre avec ceux du
terrain houiller.

Certaines variétés peuvent encore être confondues avec le terrain houiller.

Le grès est composé de grains de quartz miliai-
res (1) agrégés le plus habituellement sans ciment
distinct, et passant quelquefois au quartz grenu, lorsque la texture est fine.

Grès.

Composition, texture.

Les couleurs habituelles sont le blanc ou blanc
jaunâtre, le rosâtre, le grisâtre, le gris brunâtre et
le gris verdâtre. On en trouve principalement dans
le centre du Pas-de-Calais, qui sont mouchetés de
points rouges. Quelquefois ils se chargent d'une
petite quantité d'argile ferrugineuse qui communique à la masse une teinte d'un brun rougeâtre.
D'autres fois ils passent au poudingue en se chargeant de cailloux plus ou moins nombreux et plus
ou moins volumineux de quartz hyalin et de quartz
grenu.

Couleurs.

Variétés passant au poudingue.

Dans le poudingue proprement dit on ne trouve
plus que les galets de quartz hyalin et de quartz
grenu, ou même de psammite, quelquefois aussi
de phtanite, réunis sans ciment, ou agrégés par une
petite quantité d'argile ferrugineuse.

Poudingue.

Caractères pétro-graphiques.

Les galets de quartz hyalin sont rosâtres ou blan-
châtres, ceux de quartz grenu et de psammite sont
grisâtres, d'un gris verdâtre où rougeâtres. Les
dimensions de ces noyaux varient de la grosseur
d'une noisette à celle de la tête.

---

(1) Miliaire, de la grosseur de la graine du millet.

Ordre de super-position des roches du système arénacé inférieur.

Fossiles.

Caractères distinc-tifs des deux sys-tèmes arénacés si-luriens.

Les poudingues se trouvent vers la partie supé-rieure de la formation, les grès alternent avec les psammites bigarrés. Vers la partie inférieure du système, se trouvent principalement les psammites et les schistes grisâtres, et ces schistes, comme je l'ai dit, renferment des empreintes. Du reste on n'observe chez nous que bien peu de débris organi-ques dans les roches de cette formation (1).

Les deux systèmes arénacés siluriens doivent être principalement distingués entre eux par leurs caractérés minéralogiques, comme les deux forma-tions calcaires silurienne et carbonifère le sont par leurs caractères zoologiques. Les couleurs rouges ou bigarrées sont celles les plus habituelles dans les schistes et les psammites inférieurs, tandis qu'elles sont exceptionnelles dans ceux du système supé-rieur. Dans cette dernière formation les roches sont plus généralement grisâtres, d'un gris jaunâtre ou d'un gris verdâtre. La présence des grès et des pou-dingues pourrait encore quelquefois servir à recon-naître la dernière assise du terrain silurien. Mais on ne peut, dans les recherches, compter sur la pé-nurie des débris organiques pour établir une dis-tinction entre les deux systèmes arénacés : car on opère sur des espaces trop circonscrits pour qu'il soit possible de bien juger les terrains sous ce rapport.

3ᵈ GROUPE CAMBRIEN.

a. SYSTÈME ARDOISIER SUPÉRIEUR.

Les roches principales du système ardoisier su-périeur sont :

---

(1) On pourrait y citer des graptolithes dans les assises infé-rieures (Boulonnais). Ces polypiers, comme on sait, se trou-vent dans les différentes assises du groupe silurien, mais ne montent pas plus haut.

Des schistes ardoisiers ;

Des psammites talqueux , que M. Dumont a appelés schistes quartzo-talqueux.

Des quartzites , ou quartz grenus (1).

Les schistes présentent une texture plus ou moins terreuse et plus ou moins douce au toucher. Quelquefois ils sont extrêmement fissiles , et les feuillets les plus minces présentent encore une structure schisteuse ; d'autres fois la division ne peut se faire qu'en feuillets d'une certaine épaisseur dont la texture est plus terreuse. *Schistes. Texture et structure.*

Les ardoises ordinaires peuvent donner, sous le rapport de la texture et de la structure , une idée de quelques-unes des variétés de ces schistes ; mais point de toutes. Elles peuvent aussi donner une idée des couleurs les plus habituelles. On rencontre du reste des variétés d'un blanc jaunâtre ou rougeâtre qui se rapprochent plus des schistes siluriens que des schistes ardoisiers. *Couleurs.*

On en trouve aussi de noirâtres , d'un aspect terreux , qui présentent assez de ressemblance avec le terrain houiller, pour donner lieu à des méprises. *Certaines variétés présentent beaucoup de ressemblance avec les schistes houillers.*

Le plus généralement les feuillets sont parallèles à la stratification ; mais on trouve quelques exceptions. Ainsi on ne pourra toujours conclure le sens du pendage ou la direction des couches d'après les feuillets. *Les joints de structure ne sont pas toujours parallèles à la stratification.*

Le schiste quartzo-talqueux ou le psammite tal- *Schiste quartzo-talqueux. Composition, texture et structure*

----

(1) Peut-être faudrait-il encore mentionner la roche feldspathique qu'on rencontre dans la bande septentrionale du terrain ardoisier en Belgique , et que M. Dumont a appelée diorite ; mais j'ai cru qu'il n'était pas essentiel d'en parler dans le texte, parce qu'elle n'est qu'accidentelle , et qu'elle n'appartient peut-être qu'à la province de Liége

queux est une roche psammitique principalement composée de grains de quartz agrégés par un ciment talqueux. Il se laisse souvent rayer par une pointe d'acier ; mais il raye le verre par certains angles. La masse est grossièrement fissile, et les surfaces ondulées des feuillets sont pailletées de talc.

Couleurs. Les couleurs les plus habituelles sont le gris verdâtre passant quelquefois au brun rougeâtre. Beaucoup de variétés présentent de petites zônes alternatives de psammites talqueux, d'un gris verdâtre, et de schiste talqueux satiné, d'un gris noirâtre.

Le schiste commun, en se chargeant de grains siliceux, et se pailletant de talc, passe au psammite talqueux, et celui-ci lui-même, en perdant ses lamelles de talc qui lui donnent une texture schistoïde, passe au quartzite ou quartz grenu.

Quartz grenu. Le quartz grenu présente à peu près les caractères
Ressemblance du quartz grenu ardoisier avec celui du terrain houiller. de celui du terrain houiller ; seulement la nuance de la couleur est peut-être un peu plus bleuâtre. D'ail-
Caractères d'élimination. leurs il est ordinairement traversé de petites veinules de quartz blanc laiteux. Il ne contient point d'empreintes végétales.

b. SYSTÈME ARDOISIER INFÉRIEUR.

Ce système inférieur renferme des schistes talqueux rougeâtres, des stéaschistes ou schistes talqueux contenant des lamelles de diallage noire, des poudingues talqueux, enfin des schistes ardoisiers communs semblables à ceux du système supérieur.

Schiste talqueux rougeâtre. Les schistes talqueux rougeâtres sont des roches à base talqueuse, plus ou moins schistoïdes, mouchetées de grains rougeâtres qui donnent à la masse une couleur d'un rouge violacé.

Les schistes diallagiques se distinguent par les *Schiste diallagique.* lamelles de diallage noire interposées entre les feuillets, quelquefois presque imperceptibles, mais d'autres fois atteignant une étendue d'un millimètre. La masse est gris d'ardoise, ou verdâtre, ou brunâtre.

Le poudingue talqueux est composé de noyaux *Poudingue talqueux.* de quartz hyalin translucide et blanchâtre, agrégés par un ciment talqueux plus ou moins abondant, blanchâtre, jaunâtre, verdâtre ou rougeâtre.

Ces roches se distinguent bien de celles des formations précédemment décrites. Je ne m'y arrêterai pas plus longtemps.

Quant au schiste ardoisier commun, même *Schiste commun.* dans cet étage inférieur du terrain ardoisier, il *Il présente des variétés qui peuvent être confondues avec le terrain houiller.* offre des variétés qui présentent une certaine ressemblance avec les schistes houillers en prenant une couleur noire et un aspect terreux.

Les différentes roches de cette dernière assise de *Les joints de structure des roches du terrain ardoisier inférieur ne sont pas toujours parallèles à la stratification.* nos terrains de transition, comme celles des deux systèmes précédents, offrent quelquefois des joints de structure qui ne sont pas parallèles à la stratification. L'observation faite précédemment par rapport à cette circonstance doit donc encore s'appliquer ici.

En Belgique, le terrain ardoisier, à son contact avec le terrain silurien, passe à ce terrain d'une manière insensible, et il doit en être probablement de même chez nous sur certains points.

Du reste, tandis qu'on observe encore des débris organiques, des empreintes végétales même *Caractères distinctifs du terrain ardoisier et du terrain silurien* à la partie inférieure du terrain silurien, on n'en trouve plus pour ainsi dire dans le terrain ardoisier. Cette absence de débris organiques, en même temps que la présence des roches talqueuses,

peut souvent servir à distinguer le terrain ardoisier du terrain silurien.

OBSERVATIONS GÉNÉRALES SUR LA COMPOSITION

DES TERRAINS PRIMORDIAUX.

Résumé des ca-
ractères distinctifs
des formations pri-
mordiales.

Les formations arénacées du terrain silurien
et le terrain ardoisier présentent, comme nous
l'avons vu, dans quelques-unes de leurs assises,
une certaine ressemblance l'une avec l'autre et avec
le terrain houiller.

Souvent des recherches de houille ont été entreprises dans ces différentes formations, et l'on
pourrait même citer une exploration tentée en
Belgique dans le système ardoisier inférieur, par
conséquent dans le plus ancien de nos terrains
primordiaux. Il faut donc apporter le plus grand
soin à l'appréciation du terrain que l'on traverse,
et se rappeler surtout que ce n'est pas sur un
échantillon unique qu'il faut prononcer, mais sur
un ensemble de roches.

Du reste, on a pu remarquer dans les descriptions données précédemment, que le terrain
silurien et le terrain ardoisier même, dans les
roches qui offrent le plus d'analogie avec celles
du terrain houiller, ne présentent pas cette teinte
d'encre de Chine que j'ai signalée pour ce dernier
terrain, mais au contraire une nuance légèrement
bleuâtre ou verdâtre qu'on parvient à saisir avec
de l'habitude. C'est là une sorte de formule em-
pirique qui peut servir à résumer, sous le rapport
minéralogique, les caractères distinctifs les plus
frappants de la formation houillère et des formations arénacées plus anciennes, de la manière la
plus simple et la plus claire pour ceux qui se livrent

aux recherches; elle n'est sans doute pas l'expression d'une règle absolue, mais elle résume assez
bien les différences dans une collection de plus de
cinq cents roches de nos formations primordiales,
que j'ai recueillies moi-même dans la Belgique, dans
le département du Nord et dans le Pas-de-Calais.

Il faut observer d'ailleurs que les recherches ne
doivent pas nécessairement tomber toujours dans
les assises qui présentent le plus de difficultés
pour l'appréciation. On pourra donc arriver à une
détermination exacte en se pénétrant bien des caractères principaux que j'ai signalés pour chaque
formation, et surtout en se familiarisant avec ces
caractères par l'examen des collections de roches.
On pourra en général facilement distinguer le
terrain houiller des formations plus anciennes.
Pour différencier ces dernières formations, il faudra, avec le plus grand soin, tenir compte de
tous les caractères pétrographiques, et en même
temps des caractères zoologiques (1).

Les terrains calcaires se distingueront toujours
bien de ceux arénacés; mais on pourra encore apprécier souvent si les calcaires rencontrés appartiennent au calcaire carbonifère ou au système calcareux silurien, lorsqu'on trouvera des

---

(1) **Les** caractères zoologiques des différentes assises des terrains primordiaux diffèrent peut-être moins chez nous que dans
l'Angleterre, où le groupe silurien est séparé nettement du
calcaire carbonifère par la formation du vieux grès rouge.
Néanmoins, les différences sont assez tranchées pour bien distinguer ces diverses assises, même dans nos contrées.

Je ferai remarquer en passant que les *trilobites*, si abondantes
dans le terrain silurien de l'Angleterre, paraissent devoir être
fort rares chez nous, car nous n'en rencontrons point. Sous ce
rapport encore, nos formations primordiales ressemblent à
celles de la Belgique.

fossiles; il faudra recueillir avec soin ces fossiles pour les faire déterminer. L'appréciation exacte de l'âge géologique des formations rencontrées, lors même qu'on a reconnu que ces formations sont plus anciennes que le terrain houiller, et qu'on n'a point l'espérance d'y trouver du combustible, n'est point inutile dans les recherches; nous verrons plus tard quel parti on peut tirer de cette détermination.

Observations sur la possibilité de rencontrer du combustible dans le terrain silurien.

Nous avons pu reconnaître que le combustible minéral ne se borne pas au terrain houiller, qu'on trouve encore quelques dépôts de combustible dans le calcaire carbonifère; qu'on peut même rencontrer des lits de houille sèche plus ou moins terreuse dans l'assise supérieure du groupe silurien; mais ces lits de combustible sont très-rares, et de plus, ils ne sont presque jamais susceptibles d'exploitation. On ne peut citer en Belgique qu'une seule couche de houille anthraciteuse exploitée dans le système arénacé supérieur; il ne faut donc

Le terrain silurien ne doit point être considéré comme un terrain carbonifère dans nos contrées.

pas considérer le terrain silurien de nos contrées comme un terrain carbonifère dans lequel on puisse avec succès se livrer à la recherche du combustible minéral. Il est raisonnable de borner les recherches au groupe carbonifère, et même le plus ordinairement au terrain houiller.

ARTICLE II.

ALLURES DES FORMATIONS PRIMORDIALES.

Ridement des terrains primordiaux.

Considérés en masse, nos terrains de transition présentent une série d'assises différentes, plissées et contournées de manière à offrir tous les degrés d'inclinaison possibles, mais se suivant mutuellement dans leurs ondulations, et s'emboîtant les

Disposition de ces terrains en bassins s'emboîtant les uns dans les autres

uns dans les autres à stratification, qu'on peut en général regarder comme sensiblement concordante (1) pour la question des recherches.

---

(1) La concordance n'existe point en réalité lorsqu'on considère une assez grande étendue de nos pays ; elle paraît au contraire quelquefois complète quand on se borne à considérer une localité circonscrite. C'est ainsi sans doute que M. Dumont a été conduit à regarder toutes les formations primordiales de la province de Liége comme présentant une stratification parfaitement concordante.

On se rendra facilement compte de ces circonstances en remarquant que plusieurs mouvements successifs ont affecté le sol de nos contrées, même pendant l'intervalle des dépôts des différentes formations primordiales. Le dernier des grands mouvements doit avoir suivi immédiatement le dépôt des premières couches secondaires (a), et par conséquent il a affecté tous nos terrains de transition de la même manière : c'est lui qui a déterminé les principaux accidents de stratification de ces terrains. Les mouvements antérieurs ont suffi pour établir une discordance générale dans la stratification des différents dépôts ; mais, sauf quelques accidents locaux, ils paraissent avoir été bien moins prononcés, en général, que les autres ; en sorte que, sur la plupart des points, on serait porté à regarder la concordance comme presque complète.

Pour la question des recherches, cette supposition peut être admise ; car la discordance est d'autant moindre que les directions des différents soulèvements s'éloignent peu les unes des autres. Les diverses directions que l'on observe sont en effet celles qui se rapportent soit au système que M. Élie de Beaumont a appelé système *du Westmoreland et du Hundsdruck*, soit à celui *des ballons d'Alsace et des collines du Bocage*, soit enfin au système *du sud du pays de Galles et des Pays-Bas*. Ces directions s'écartent peu les unes des autres, et ce sont celles du dernier système, moyennes entre les directions des deux autres, qui paraissent dominer dans nos pays. En un mot, le soulèvement du sud du pays de Galles est celui qui semble avoir principalement ridé nos terrains de transition ; et, comme M. Élie de Beaumont l'a fait observer, les accidents de stratification dus à cette action s'étendent depuis les bords de l'Elbe jusqu'au canal de Bristol, en présentant une permanence remarquable dans les directions générales.

Une partie des directions qu'on observe dans le Boulonnais

(a) Les inclinaisons accidentelles que présentent sur quelques points les formations jurassiques me paraissent dues à une cause différente. Il faut plutôt les attribuer à des phénomènes locaux d'affaissement.

Au milieu de ces variations continuelles d'inclinaison, les directions restent sensiblement constantes, en sorte que, du nord au midi, nos terrains primordiaux offrent une succession de rides dirigées à peu près de l'est à l'ouest, et formant des bassins successifs séparés par des selles (1).

C'est dans une de ces rides que s'emboîte le bassin houiller de Valenciennes, et ce bassin n'est lui-même qu'un des anneaux de la grande chaîne carbonifère, dont l'extrémité N. E. se montre vers Escheveiller et Rolduc et qu'on retrouve à Liége, Namur, Charleroy et Mons.

Les terrains carbonifères du Boulonnais pourraient constituer au nord l'un des derniers bassins, et rien ne prouve qu'il ne puisse exister aussi des gîtes houillers dans les rides intermé-

---

(directions O.N.O.-E.S E.) peut faire penser que des dislocations antérieures, de l'époque du soulèvement des ballons d'Alsace, ont beaucoup contribué à donner aux formations primordiales de cette contrée les allures qu'elles présentent. Je n'ai jamais observé, au contraire, de directions qu'on puisse rapporter aux soulèvements qui composent le système *du nord de l'Angleterre*, et qui ont disloqué la grande chaîne carbonifère de ce pays. Les mouvements correspondants à ce système, s'ils avaient affecté nos contrées, auraient sans doute occasionné des discordances de stratification bien plus considérables que celles que nous connaissons, à cause de la différence très-grande qui existe entre les directions N. S. propres au système du nord de l'Angleterre et celles des systèmes que j'ai signalés plus haut.

Pour la question des recherches, je le répète, les formations primordiales peuvent être supposées concordantes. Les conséquences que l'on tirerait de la concordance sont applicables à cette question.

(1) La disposition en bassin est celle des terrains dont les bancs sont courbés de manière à tourner leur convexité vers le bas. On dit que ces terrains forment des selles, lorsqu'au contraire les bancs convergent vers le haut. Ordinairement la partie convexe des selles est enlevée à la surface du sol; néanmoins on distingue toujours bien les deux dispositions d'après le sens dans lequel convergent les couches des bords opposés.

diaires. On trouve du terrain houiller dans chacun des trois bassins siluriens que présente la province de Liége.

Possibilité de rencontrer du terrain houiller dans les rides intermédiaires.

Les différents bassins, dont je viens de parler, offrent quelquefois des pentes inverses dans leurs versants opposés; mais souvent aussi les deux bords inclinent dans le même sens, de telle sorte que, vers le midi, une formation donnée se trouve recouverte par les terrains qu'elle recouvre plus au nord, ainsi que le montre la *figure 5*, *Pl. I*, représentant une coupe du nord au midi.

Constitution des bassins.

Les bords opposés du même bassin inclinent souvent dans le même sens.

a b c d e sont les assises successives du terrain de transition qui s'emboîtent les unes dans les autres de manière à former un bassin. On voit que vers le nord le terrain *a* recouvre le terrain *b*, celui-ci recouvre le terrain *c*, et ainsi de suite. Vers le midi, c'est l'inverse ; c'est le terrain *c* qui recouvre le terrain *b*, et celui-ci à son tour recouvre le terrain *a*.

L'on ne peut donc établir avec certitude l'âge relatif des roches primordiales de nos contrées d'après leur inclinaison ; et cette vérité est si frappante et si essentielle, qu'elle a servi d'épigraphe à l'excellent Mémoire de M. Dumont, sur la constitution géologique de la province de Liége. Dans ce pays, la disposition que je viens de citer est on ne peut plus fréquente; elle existe aussi chez nous, et ce fait, comme nous le verrons plus tard, présente une certaine importance dans la question des recherches, parce qu'il doit contribuer à faire juger de la nature des travaux qu'il convient d'entreprendre.

L'inclinaison des roches ne peut permettre d'établir l'âge relatif de ces roches avec certitude.

Mais quelles que soient, dans le même bassin, les inclinaisons relatives des bords opposés, il est clair que le centre est occupé par la formation la

Les différentes formations comprises dans le même bassin doivent former

une suite de bandes symétriquement placées des deux côtés de l'axe de ce bassin.

plus moderne, formant une zône allongée suivant la direction du bassin. Des deux côtés de cette zône se trouvent symétriquement placées les formations inférieures suivant leur ordre d'ancienneté; puisqu'elles s'enveloppent successivement. Ainsi en partant de la zône centrale, et se dirigeant soit au nord soit au midi, on doit trouver une suite de bandes présentant dans le même ordre des terrains de plus en plus anciens, à mesure qu'on s'éloigne de l'axe.

La *figure* 6, *Pl. I*, indique cette disposition.

a b c d représentent la même série que dans la *figure* 5.

Cette disposition symétrique des terrains peut servir à reconnaître exactement l'ordre de succession, d'après l'âge relatif de deux ou trois formations différentes.

Nous pouvons tirer immédiatement de là une conséquence qui sera applicable aux recherches : c'est que si l'on parvient à reconnaître, dans deux ou trois bandes successives, l'ordre d'ancienneté des roches qui les composent, on saura juger de quel côté doivent se trouver les formations plus modernes. On saura s'il faut marcher au nord ou au midi pour les rencontrer.

La symétrie n'est pas toujours complète, et les formations comprises dans le même bassin ne se montrent pas constamment toutes au jour sur les deux bords.

Je dois faire observer d'ailleurs qu'il peut arriver, et qu'il arrive en effet souvent que les différentes formations qu'on observe d'un des côtés de la zône centrale, ne se reproduisent pas toutes de l'autre côté.

La *figure* 7, *Pl. I*, peut donner un exemple de cette circonstance.

Les seules formations *b e f* arrivent au jour, au nord de la formation supérieure *a;* les autres sont interrompues dans l'intérieur du bassin (1).

---

(1) On peut facilement se rendre compte de ce phénomène en observant que les diverses formations du terrain de transition pouvaient n'être point continues avant le redressement qu'elles

Nous voyons en même temps que le terrain qui occupe la partie centrale du bassin, le terrain houiller, par exemple, peut se trouver en contact avec l'une quelconque des formations inférieures. C'est ainsi qu'il arrive sur plusieurs points, qu'il soit contigu aux assises même inférieures du terrain silurien, tandis que sur d'autres, il est immédiatement encaissé dans le calcaire carbonifère; il pourrait se faire même qu'il fût accidentellement en contact avec le terrain ardoisier. Je n'ai pas encore vu cette circonstance, mais elle est aussi facile à concevoir que les autres. Ce que l'on peut dire seulement, c'est que le terrain houiller est toujours en contact avec l'assise la plus moderne des terrains inférieurs qui existent sur le point qu'on considère.

Le terrain houiller peut être en contact avec l'une quelconque des formations plus anciennes.

Les observations précédentes serviront aussi à faire comprendre que les limites des zônes ne doivent pas toujours être parallèles à la direction moyenne des couches. Ces zônes, et parmi elles la zône houillère, peuvent présenter des élargissements et des étrécissements successifs comme l'indique la *figure 8, Pl. I.*

Les limites des zônes ne sont pas toujours parallèles à la direction moyenne des couches.

Mais généralement la zône centrale doit occu-

---

ont éprouvé. Il était possible qu'elles offrissent les circonstances que nous observons maintenant dans nos formations horizontales, et par conséquent beaucoup d'entre elles pouvaient se présenter seulement en lambeaux; soit que ces lambeaux eussent antérieurement appartenu à une formation étendue dénudée par les eaux après son dépôt, soit qu'ils ne fussent que des dépôts contemporains formés dans les dépressions du sol préexistant.

Le même phénomène peut aussi et doit même souvent provenir de la discordance de stratification entre les différentes assises du terrain de transition, et il pourrait quelquefois servir à accuser cette discordance lorsqu'elle n'est point rendue apparente par un défaut prononcé de parallélisme dans les couches.

per plus de largeur moyenne que celles latérales ; car elle est en quelque sorte double, quand les bassins sont bien développés ; puisqu'elle présente les deux tranches de la formation qu'emboîtent les bassins inférieurs ; ces derniers au contraire, n'offrent qu'une seule de leurs tranches dans chaque bande latérale. Lorsque le terrain houiller existe, c'est lui qui occupe le centre du bassin ; la circonstance que je viens de signaler, peut donc être quelquefois une circonstance favorable pour les recherches.

Indépendamment des accidents généraux que présentent nos terrains de transition pour former les différentes ondulations dont j'ai parlé, on peut dans la même ride, dans le même bassin, observer des plis et replis très-compliqués (1), surtout dans

Dans les bassins bien développés la zône centrale est généralement celle qui présente le plus de largeur moyenne.

Contournements des couches dans le même bassin et principalement dans l'étendue du terrain houiller.

---

(1) Les expériences de sir James Hall permettent, comme on sait, de se rendre compte des nombreux contournements qu'on observe dans nos formations primordiales, et elles démontrent que les conditions nécessaires et suffisantes pour que ces contournements aient pu avoir lieu, c'est que des pressions latérales se soient exercées sur la masse des terrains, en même temps qu'une certaine résistance était offerte à la partie supérieure et inférieure des couches, de manière que la partie supérieure pût céder jusqu'à un certain degré ; il fallait en même temps évidemment que les formations présentassent un état convenable de mollesse pour offrir une sorte de ductilité, et céder à l'action des forces qui les saisissaient sans se déchirer en lambeaux.

Ces expériences de sir James Hall consistaient à superposer horizontalement sur une table des pièces d'étoffe, les unes de drap, les autres de toile, à les charger d'un certain poids qui les pressât fortement, et à appliquer ensuite des forces latérales opposées. Pendant que le poids supérieur était soulevé, les étoffes se trouvaient plissées et contournées comme le sont les couches dans la nature. Sir James Hall a ensuite inventé un instrument pour contourner des couches d'argile en miniature.

On conçoit très-bien que les conditions de ces expériences ont pu se réaliser au moment des soulèvements qui ont affecté nos terrains ; on conçoit aussi que le terrain houiller soit celui qui offre les contournements les plus compliqués dans l'intérieur

l'étendue du terrain houiller. Ces contournements sont remarquables par les changements considérables d'inclinaison qui s'opèrent brusquement dans les couches, et les font revenir plusieurs fois sur elles-mêmes. C'est ainsi que sont formés successivement les droits et les plats des mines de Mons et Valenciennes, connus sous les noms de dressants et plateures dans les mines de Liége. Les arêtes des plis sont souvent inclinées à l'horizon, en sorte que ces plis présentent fréquemment la forme de pointes de bateaux, et la coupe horizontale des terrains offre des zigzags très-prononcés. Outre ces accidents de stratification, il faut mentionner les dislocations qui affectent les terrains primordiaux et particulièrement le terrain houiller; les failles (1) qui interrompent les couches, en en rejetant une portion au-dessous de son niveau primitif. La partie affaissée est ordinairement celle qui joint la faille à son toit, et cette observation guide les mineurs pour rechercher le prolongement des couches interrompues.

Enfin, indépendamment des failles, les couches de houille offrent quelquefois des solutions de continuité que les mineurs appellent crains ou crans. Quelquefois aussi l'interruption n'est pas complète,

---

des bassins, précisément parce qu'il est enveloppé par les autres formations, qu'il se trouve à la partie concave des bassins : il aurait suffi que les assises ne pussent pas aisément glisser les unes sur les autres pour qu'elles se plissassent comme nous le voyons. Du reste, on observe aussi des traces de glissement très-remarquable dans les couches. On peut remarquer en outre que le terrain houiller, en raison même de la nature des roches qui le composent, était peut-être le plus propre à obéir aux forces qui le sollicitaient.

(1) *Failles*, fentes ordinairement remplies de débris des roches du terrain.

mais seulement les couches présentent des étran-
glements, des étreintes.

On sait que dans la grande zône houillère de la
Belgique et du département du Nord, c'est principalement du côté du midi que les contournements
et les accidents les plus compliqués se présentent ;
tandis que vers le nord, les faisceaux présentent
plus de régularité; aussi leur a-t-on donné le nom
de maîtresses allures.

Disposition des houilles de diverses qualités par faisceaux parallèles. Si l'on se rappelle les détails que j'ai donnés
sur la composition des différentes assises du ter-
rain houiller, et les observations que j'ai faites
précédemment sur la manière dont s'enveloppent les différentes formations primordiales dans
le même bassin, on s'expliquera facilement la disposition des houilles de diverses qualités par faisceaux parallèles ; on s'expliquera pourquoi, sur
plusieurs points de la zône houillère du nord, en partant du centre pour se diriger vers les limites nord
et sud, on trouve d'abord les houilles grasses, et ensuite des charbons de plus en plus maigres et secs.

Mais cette espèce d'assortiment ne peut toujours
être complet : puisque les différentes assises des
bassins ne se relèvent pas toujours jusqu'au jour sur
les deux bords. C'est ainsi qu'à Valenciennes et
Aniche on ne retrouve pas au sud les houilles
sèches de Fresnes, etc. La symétrie générale
n'existe point ici; elle existe au contraire dans les
environs de Mons. La coupe représentée dans la
figure 9, *Planche* I, peut montrer la disposition des différents faisceaux dans cette localité.
Cette coupe donne d'ailleurs un exemple des contournements compliqués que présente souvent le
terrain houiller. Malgré ces contournements, ce
terrain, comme les formations inférieures, suit tou-

jours à peu près la même orientation, et cette constance de direction est un des faits les mieux établis par les observations.

Aussi, en considérant tout à l'heure la suite des rides que nos formations primordiales doivent présenter du nord au midi, ai-je dit que les terrains carbonifères du Boulonnais paraissent s'emboîter dans un bassin plus septentrional que celui qui contient le terrain houiller de Mons et Valenciennes. On est au moins aussi fondé, *à priori*, à admettre cette relation entre le terrain du Boulonnais et la zône de la Belgique, qu'à supposer dans cette zône une déviation au nord qui la porterait vers Marquise sans discontinuité. Cette déviation n'est prouvée par aucun fait; elle ne saurait être admise gratuitement.

La grande zône houillère qui traverse la Belgique offre au contraire dans sa direction moyenne une permanence remarquable jusque vers Aniche, et elle tend à se prolonger dans la partie méridionale du Pas-de-Calais, suivant la même orientation qui n'est autre que celle des rides du terrain de transition.

Il est clair que cette direction moyenne n'est que celle d'un axe principal autour duquel serpente la zône houillère, en oscillant entre deux directions, l'une courant de l'E. un peu N. à l'O. un peu S., l'autre à peu près de l'E. à l'O. Il est clair aussi qu'elle est indépendante de quelques accidents locaux tels que les crochets qu'on remarque sur certains points, et par suite desquels les limites de la bande carbonifère reviennent sur elles-mêmes jusqu'à une certaine distance, pour reprendre ensuite leur première marche. On pourrait citer les crochets de Chokier et de Huy dans la province de Liége, et, chez nous, les inflexions remarquables que présente le faisceau des houilles anthraciteuses vers Vieux-Condé, Hergnies, Fresnes et Vicoigne me paraît un accident du même genre. Enfin le terrain carbonifère du Boulonnais présente encore des crochets semblables vers le Haut banc, et vers Réty et Hardinghen. La *figure* 10, *Planche* I, donne un exemple de ces inflexions. Elle représente un des bords d'un bassin.

H est le terrain houiller; *a*, *b*, *c*, *d* les différentes assises des formations inférieures.

Il arrive quelquefois que les différentes couches plongent du même côté dans toutes les parties du crochet : de sorte que dans une coupe verticale transversale aux directions, les mêmes terrains peuvent se reproduire plusieurs fois avec le même pendage. Ou reconnaît toujours néanmoins la loi de succession symétrique signalée plus haut.

Les *figures* 11 et 12, *Planche* I, représentent des coupes sur *mm* et *nn* de la *figure* 10. Elles montrent très-bien cette circonstance. On y voit d'ailleurs encore un exemple de ces renversements de couche par suite desquels le terrain houiller se trouve recouvert par les formations plus anciennes.

C'est sur la considération de la permanence des directions générales des formations que doivent être basés les projets de recherches.

Tous ces petits dérangements locaux n'altèrent évidemment en rien la permanence de la direction générale. Ce phénomène est le point le plus important à observer; c'est sur les considérations qui en découlent que doivent être basés tous les projets de recherche. Du moment qu'une formation est connue sur une certaine étendue, il y a lieu de rechercher le prolongement dans la direction qu'elle présente.

Entre le bassin silurien septentrional, que je pourrais appeler bassin du nord du bas Boulonnais (1),

___

(1) Il faut remarquer que, même dans l'étendue du bas Boulonnais, les terrains primordiaux forment plusieurs rides plus ou moins prononcées.

et celui qui encaisse la zône de la Belgique, comme au midi même de ce dernier bassin, on ne peut, comme je l'ai dit, regarder comme impossible de retrouver des lambeaux de terrain houiller. Si pareille circonstance se présentait, on pourrait être assuré que ces lambeaux formeraient aussi des bassins allongés suivant l'orientation générale des rides que présente notre terrain de transition, et ils pourraient ainsi constituer des gîtes plus ou moins étendus.

Les différents lambeaux de terrain houiller qu'on peut rencontrer dans l'étendue de nos contrées doivent former des bassins allongés suivant l'orientation générale des rides du terrain de transition.

On se rendra facilement compte de cette possibilité de rencontrer divers lambeaux de terrain houiller au milieu des formations siluriennes, en remarquant que le terrain houiller, avant les soulèvements qui ont affecté toutes nos formations primordiales, a pu présenter une ou plusieurs nappes plus ou moins étendues et plus ou moins allongées suivant une direction qui pouvait fort bien ne pas être celles suivant lesquelles les rides se sont formées plus tard. De pareilles nappes, après le soulèvement, auraient dû être divisées par lambeaux dans quelques-unes des différents bassins formés par ces rides, parce qu'elles se seraient trouvées dénudées sur les selles qui les séparent (1).

Ces lambeaux peuvent avoir fait partie de nappes plus ou moins étendues

Il pourrait se faire que le terrain carbonifère du Boulonnais se rattachât ainsi à celui de la Belgique, c'est-à-dire qu'il eût, dans l'origine, appartenu à la même nappe carbonifère.

Le terrain houiller du Boulonnais peut avoir, dans l'origine, appartenu à la même nappe carbonifère que celui de la Belgique.

Si donc on reconnaissait que la formation de la Belgique ne se prolonge pas suivant la direction

---

(1) On peut observer que le terrain houiller constituant l'assise la plus élevée du terrain de transition, et occupant par conséquent la partie supérieure de tous les contournements, a dû, plus que tout autre, être exposé aux dénudations.

dont j'ai parlé tout à l'heure , on pourrait encore admettre sans doute qu'elle se reporte du côté du Boulonnais; mais elle ne présenterait probablement plus dans cette déviation une zône continue. Elle ne serait accusée que par les lambeaux qu'elle aurait laissés comme témoins de son ancienne existence dans quelques-uns des bassins siluriens intermédiaires. Malheureusement la position de pareils lambeaux ne peut pas plus être devinée que celle des bassins.

SECONDE PARTIE.

RECHERCHES.

CHAPITRE PREMIER.

MARCHE A SUIVRE DANS LES RECHERCHES.

Nous connaissons la constitution générale des terrains primordiaux, la manière dont le terrain houiller est associé aux formations plus anciennes ; nous savons comment il peut être distribué au milieu de ces formations ; enfin nous avons vu les circonstances principales que tous ces terrains présentent dans leur marche générale. Nous sommes en état de comprendre maintenant quel est l'esprit qui doit présider aux recherches ; dans quelles localités et de quelle manière ces recherches peuvent être raisonnablement entreprises ; quel est le but qu'on doit se proposer dans l'exécution des différents travaux ; quelles sont enfin les observations auxquelles il faut avoir égard.

Admettons un instant que les terrains primordiaux soient à nu dans nos contrées ; il faudrait, pour rechercher s'il existe réellement des gîtes au milieu des différents bassins primordiaux (par exemple, dans ceux intermédiaires entre le bassin du nord du Bas-Boulonnais et celui de Valenciennes), faire des coupes successives dans le pays, à

Marche à suivre si les formations primordiales étaient à nu.

peu près du midi au nord, et dès que l'on rencontrerait le terrain houiller sur un point, il faudrait s'attacher à déterminer la largeur qu'il présente.

Dans le voisinage de la première coupe, on ferait ensuite, à droite et à gauche, des sections transversales semblables, pour reconnaître l'étendue en longueur du bassin, en cherchant de proche en proche son prolongement. C'est de la même manière évidemment qu'il faudrait rechercher, soit le prolongement de la zône carbonifère de la Belgique, soit même celui des gîtes du Boulonnais.

Mais cette recherche, qui se réduirait presque à une étude géologique, dans le cas où les formations primordiales se montreraient ainsi partout au jour, devient on ne peut plus difficile dans les conditions où nous nous trouvons, à cause des morts-terrains qui dérobent constamment aux études les formations plus anciennes.

On ne doit songer d'abord qu'à rechercher le prolongement des zônes connues.

Aussi les explorations ne peuvent-elles raisonnablement être conseillées, pour ce qui regarde la recherche de gîtes intermédiaires entre les bassins principaux que j'ai signalés. Ces explorations seraient tout à fait hasardées, puisqu'on n'aurait aucune donnée pour les guider; il faut donc ajourner les recherches dans les parties correspondantes de notre pays.

Il n'en est pas de même de celles qui auraient pour but de rechercher le prolongement des zônes connues; car on peut s'appuyer sur des données positives, celles de la direction générale de ces zônes; et de pareilles explorations peuvent raisonnablement être entreprises encore à travers les couches épaisses des morts-terrains.

Il faut évidemment, pour les exécuter, procéder, comme je l'indiquais tout à l'heure, par des sections faites perpendiculairement à la direction générale des terrains, c'est-à-dire à peu près du nord au midi. Mais ce ne sont plus de simples travaux à ciel ouvert qui suffisent; il faut des recherches poussées à une grande profondeur, et qui ne peuvent être placées qu'à une certaine distance les unes des autres. Il est indispensable en conséquence de les distribuer méthodiquement dans les sections dont j'ai parlé, de les combiner de manière à en rendre nécessaire le plus petit nombre possible.

Les sections elles-mêmes doivent être choisies de manière à procéder toujours du connu à l'inconnu, à suivre de proche en proche le prolongement de la zône qui fait l'objet des recherches. Comme la direction de cette zône n'est point en effet une ligne droite mathématique que l'on puisse tracer sur le terrain; qu'elle peut offrir des déviations plus ou moins grandes soit au nord, soit au midi, on conçoit qu'en se plaçant à une trop grande distance des points connus, on s'expose, supposé même que la zône se prolonge réellement, à se trouver loin de sa direction véritable; et d'autant plus loin, qu'on est plus distant du point où les déviations ont pu commencer. Ainsi les recherches peuvent devenir de plus en plus vagues à mesure qu'on s'éloigne des lieux où les gîtes sont connus.

C'est cette considération qui doit faire choisir la première section aussi près que possible des points déjà explorés, autant du reste que le permettent les travaux existants. Car il faut bien le remarquer ici, ce n'est pas une compagnie unique qui travaille dans nos contrées; nous en comptons un grand nombre déjà. Si ces compagnies se mettent en concurrence sur les mêmes points, elles s'exposent à ne point tirer de leurs recherches, supposées même heureuses, tout le fruit qu'elles pouvaient attendre. L'administration ne peut en effet diviser à l'infini le terrain pour multiplier les concessions, et satisfaire à toutes les demandes.

Distribution des explorations dans les sections. La section de recherche une fois choisie, il convient de placer la première exploration vers l'axe présumé du bassin, et ensuite, ou simultanément, une seconde et une troisième exploration au nord et au midi (1).

Observations à faire dans chaque exploration. Dans chacune de ces recherches, il faut déterminer aussi bien que possible la nature des roches traversées, l'âge géologique de ces roches. Du moment qu'elles sont plus anciennes que le terrain houiller, et qu'elles ont pu être suffisamment jugées, il faut abandonner le travail (2) pour le

---

(1) Il est entendu qu'il conviendra toujours de choisir autant que possible les points les plus bas pour s'établir.

(2) On pourrait se demander s'il ne serait pas quelquefois permis de continuer les recherches dans le terrain silurien, si l'on avait lieu de croire qu'il recouvre le terrain houiller par suite d'un de ces renversements de couches que j'ai signalés. Assurément non, quand bien même on serait certain d'un pareil renversement : car la bande de terrain silurien rencontrée pourrait présenter une épaisseur qu'il serait impossible de traverser, et qui, dans tous les cas, pourrait occasionner des dépenses excessives. On ignore complétement à quelle distance on se trouve de la limite de cette bande. La continuation du travail serait donc tout à fait déraisonnable.

Il ne faudrait point hésiter à se reporter au point qu'on présumerait convenable pour tomber au-dessous de la bande en question. On ne pourrait rechercher le terrain houiller à travers les formations plus anciennes, dans l'hypothèse dont il s'agit, que si les terrains primordiaux étaient au jour, et qu'on voulût attaquer en pied la formation houillère reconnue en affleurement.

Nous avons vu d'ailleurs que l'on ne doit pas regarder le terrain silurien de nos contrées comme une formation carbonifère.

reporter ailleurs, mais en ayant soin d'enregistrer avec soin les résultats obtenus. La comparaison des données fournies par les explorations voisines peut en effet, si les roches ont été bien appréciées, faire souvent reconnaître dans quel ordre se succèdent les formations sur les points explorés, et d'après cette reconnaissance, suivant l'observation faite précédemment, on peut quelquefois juger de quel côté les explorations nouvelles doivent être portées.

Si les diverses assises de notre terrain de transition étaient toujours superposées suivant leur ordre d'ancienneté, une seule recherche suffirait pour reconnaître dans quel sens il faut marcher, pourvu que l'on déterminât le pendage : ce serait en effet du côté vers lequel se dirigerait le pied des couches (du côté de l'aval pendage) qu'on devrait rencontrer les terrains supérieurs. Mais, comme je l'ai dit, il arrive fréquemment que les deux bords du même bassin inclinent dans le même sens. Il faudrait donc pouvoir non-seulement juger l'âge du terrain rencontré et le pendage de ses couches, mais encore reconnaître si les roches sont ou ne sont pas dans leur ordre naturel de superposition. Dans la même formation, une pareille détermination est impossible. Une recherche unique doit donc être regardée comme insuffisante pour résoudre la question, puisqu'il peut arriver qu'elle soit tombée dans des couches renversées au delà de la verticale, sans que rien d'abord puisse faire reconnaître cette circonstance.

On aurait au contraire, comme nous l'avons vu, un moyen d'arriver à la solution, si l'on parvenait, à l'aide de plusieurs explorations, à rencontrer quelques-unes des formations successives du bassin, et à en reconnaître l'âge relatif par la composition minéralogique ou zoologique.

Mais il faudrait évidemment, pour réussir, que ces explorations se trouvassent suffisamment rapprochées les unes des autres, et qu'elles fussent d'un autre côté comprises dans l'étendue du bassin même dont on recherche l'assise supérieure.

Comme toutes ces conditions peuvent bien ne pas être remplies, il faudrait en général combiner les données fournies par les explorations successives dans la section adoptée, avec celles que l'on a d'ailleurs sur la direction vers laquelle paraît tendre la zône que l'on recherche.

Mode de recherche le plus convenable à adopter.

Toutes les observations que je viens de présenter montrent que les explorations doivent être multipliées jusqu'à un certain point. Si l'on songe maintenant que chacune de ces explorations doit traverser 100 à 200 mètres de mort-terrain ; que l'exécution des fosses nécessite des dépenses et un temps considérables, on reconnaîtra que le mode le plus convenable de recherches à adopter, au moins dans le principe, est celui des sondages, qu'on peut exécuter à un prix très-modéré, et dans un court espace de temps. Nous verrons d'ailleurs bientôt qu'on peut obtenir maintenant, au moyen même de la sonde, la direction et l'inclinaison des couches, comme aussi le sens du pendage ; qu'il est possible enfin, avec certaines précautions, de bien apprécier la nature des roches traversées.

Toutes les circonstances du gisement, comme la composition des formations, se voient sans aucun doute plus clairement dans les puits que dans les sondages. Mais si le dernier mode de recherches, à l'aide de certains procédés, peut fournir des données suffisantes pour éclairer la question, on doit évidemment s'en contenter (1) : car on ne peut éta-

(1) J'ai eu occasion de voir un très-grand nombre de re-

blir une comparaison entre les deux genres d'exploration sous le rapport de la dépense. Aussi les compagnies qui procèdent par puits ne font-elles généralement qu'une seule exploration. Elles y absorbent la plus grande partie de leurs capitaux, et si cette exploration est infructueuse, elles abandonnent en général complétement les recherches, même lorsqu'elles conservent assez de fonds pour tenter encore quelques essais. Les dépenses énormes qu'elles ont faites inutilement sont en effet une cause bien légitime de découragement.

Les sociétés les moins riches, au contraire, pourraient faire et feraient, au besoin, un très-grand nombre de forages, assez surtout pour pouvoir obtenir une solution positive comme n'en obtiennent réellement pas ceux qui n'ont fait qu'un seul puits. Les détails dans lesquels je suis entré précédemment doivent bien faire comprendre en effet qu'une seule exploration ne peut suffire pour démontrer l'absence du terrain houiller dans la localité où l'on opère, puisque ce terrain est contigu au nord et au midi à des formations stériles; et il y a souvent plus de probabilité *à priori* pour rencontrer ces formations que pour atteindre le terrain houiller lui-même.

On ne doit donc conseiller l'entreprise d'une fosse que dans le cas où les données acquises montrent des chances suffisantes de succès. Encore pourrai-je faire remarquer que, même dans ce cas, les explorations peuvent être à la rigueur

---

cherches, les unes par puits, les autres par sondages, tomber dans divers étages des formations primordiales; et souvent j'ai trouvé, dans les résultats des forages, des indications aussi satisfaisantes que dans ceux des puits; il faut seulement s'habituer à juger.

Les sondages peuvent mener à la découverte de couches de houille même dans les droits.

continuées par forages. On pense généralement qu'il ne faut pas songer à rencontrer des veines de houille par ce mode d'exploration, au moins dans les droits; mais je dois dire ici que j'ai vu moi-même traverser à la sonde une vingtaine de couches de houille plus ou moins puissantes dont douze au moins se trouvaient en droits.

Il doit y avoir sans doute peu de chances pour un seul sondage; mais il n'en est pas de même lorsqu'on en considère plusieurs; et remarquons bien que quand l'expérience du travail est acquise, un très-grand nombre de sondages poussés à une grande profondeur dans le terrain houiller ne coûtent pas plus qu'une fosse, dont la dépense, comme on le sait, monte ordinairement à plusieurs centaines de mille francs dans la plupart de nos localités, et pourrait être facilement élevée de 100 à 150,000 francs, par la présence d'un fort niveau. D'ailleurs, je le répète, on pourra adopter ce mode de recherche dès que les indications seront suffisamment positives.

Distance à adopter entre les explorations par sondages.

Entre les premiers sondages destinés à rechercher le terrain houiller, il sera convenable de mettre une distance moindre que la largeur que présente ordinairement la zône dans les parties les plus resserrées, afin de ne pas s'exposer à la laisser échapper entre deux explorations successives. D'ailleurs

Disposition des sondages dans les sections voisines.

dans deux sections voisines, soit que ces sections fussent faites par la même compagnie, soit qu'elles appartinssent à des sociétés différentes, il serait bon de disposer les points d'exploration de manière qu'ils ne fussent point exactement sur les mêmes parallèles à la direction présumée de la zône. Cette disposition, pour des coupes qui ne seraient point trop distantes, équivaudrait à un rapprochement des points de recherche dans la même section.

La section de recherche devra être prolongée sans qu'il soit permis de désespérer du succès, au nord et au midi du point de départ, c'est-à-dire du point choisi sur le prolongement présumé de l'axe de la zône, tant que l'espace parcouru ne peut détruire d'une manière évidente l'hypothèse de la permanence de direction de cette zône. Il est clair que les limites dans lesquelles il sera possible ainsi de conserver quelques espérances, seront d'autant plus étendues qu'on sera plus loin des points où l'on a déjà reconnu le terrain houiller. Il importe pour l'économie qu'elles soient resserrées le plus possible ; aussi, comme je l'ai déjà dit, doit-on se placer aussi près qu'on le peut des points déjà connus.

Si les sections convenablement prolongées n'amenaient aucun résultat, on pourrait, d'après les considérations précédemment exposées, être autorisé à faire des recherches le long de la ligne qui joindrait les derniers points connus de la grande zône de la Belgique avec l'extrémité Est, également reconnue, de la zône houillère du Boulonnais; seulement les explorations ne devraient plus être échelonnées dans des sections transversales à cette ligne, mais bien suivant sa direction propre. Comme les divers bassins seraient sans doute coupés obliquement, on pourrait un peu plus espacer les sondages. Dès que l'on rencontrerait le terrain carbonifère, on en rechercherait l'étendue d'après la marche précédemment indiquée.

Si quelque circonstance particulière ou le hasard faisait d'ailleurs découvrir ou présumer l'existence de quelque lambeau de terrain houiller, au nord ou au midi de la zône carbonifère de la Belgique, on pourrait encore s'assurer des premières indica-

Distances auxquelles les sections de recherche peuvent être poussées au nord et au midi du point de départ.

Dernières tentatives à faire dans le cas où les recherches sur le prolongement des zônes de la Belgique et du Boulonnais seraient infructueuses.

Recherche de bassins intermédiaires.

tions par des travaux peu dispendieux comme les forages. On sent du reste que l'on doit entreprendre des recherches d'autant plus économiques que les données sont moins certaines ; aussi les sondages sont-ils les seuls travaux qu'on puisse raisonnablement exécuter dans ce cas, et encore doit-on n'en user qu'avec prudence.

Chances de succès que présentent encore les recherches sur le prolongement des zônes connues.

On peut encore avec raison maintenant poursuivre les recherches sur le prolongement des zônes connues, et particulièrement de celle de la Belgique : car le terrain du Boulonnais ne présente point une assez grande étendue pour qu'on puisse compter avec autant de confiance sur sa continuité (1).

Des résultats négatifs ont été obtenus sans doute dans plusieurs des explorations exécutées sur le prolongement présumé des zônes carbonifères. Ces résultats n'ont rien qui puisse étonner ni décourager. Les détails que j'ai donnés sur la constitution de notre sol primordial suffisent pour montrer qu'ils devaient être prévus. Mais du moment qu'ils n'ont pu détruire d'une manière évidente l'hypothèse de la permanence de direction de la zône dont on recherche le prolongement, les explorations doivent être continuées avec confiance, et c'est le cas dans lequel nous nous trouvons.

Recherche du prolongement des faisceaux de houille dans l'intérieur des bassins houillers.

La marche tracée pour la recherche du prolongement des zônes houillères, s'applique évidemment à la recherche du prolongement des faisceaux de houille, dans l'intérieur des bassins. Il faut encore ici échelonner les explorations, de manière à faire des coupes perpendiculaires à la direction

---

(1) Il ne faut pas oublier d'ailleurs que si les gîtes du Boulonnais sont réellement subordonnés au calcaire carbonifère, ils ne forment que des dépôts accidentels qui peuvent fort bien ne pas se prolonger au dehors du Bas-Boulonnais.

connue de ces faisceaux, dans les points les plus voisins. Mais ces explorations doivent être évidemment plus rapprochées que dans le cas où l'on ne recherche encore que le terrain houiller. La distance qu'il convient de mettre entre les travaux doit varier avec la largeur des faisceaux sur lesquels on opère. Il convient qu'elle soit moindre que cette largeur. Dès que la position des faisceaux est reconnue, il n'y a plus à hésiter pour ouvrir une fosse et commencer des travaux de reconnaissance plus complets.

Les travaux de reconnaissance doivent être nécessairement exécutés par puits et galeries. Ils sont *Travaux de reconnaissance* bien connus des mineurs, qui ont également la pratique du terrain dans lequel on doit travailler, de toutes les circonstances de gisement qu'il peut présenter. Je n'ai donc pas besoin de m'occuper de ces travaux, qui se rattachent de plus près à l'exploitation. La connaissance parfaite de la constitution des terrains est encore d'ailleurs indispensable pour les conduire convenablement.

CHAPITRE II.

OBSERVATIONS SUR LES RECHERCHES PAR SONDAGES.

La recherche des mines exige, dans l'exécution des sondages, des conditions beaucoup plus nombreuses que celle des eaux souterraines, et les travaux peuvent souvent n'avoir point toute l'utilité qu'on doit en attendre, si l'on néglige quelques-unes de ces conditions. Il ne s'agit point ici du simple percement d'un trou vertical; il faut pouvoir apprécier, aussi exactement que possible, la nature des terrains traversés, surtout lorsqu'on est arrivé aux formations qui intéressent les recherches. Il faut également, autant qu'on le peut, déterminer les principales circonstances que ces terrains présentent dans leur gisement.

Depuis environ deux ans, les procédés ont reçu de grands perfectionnements, et l'on peut maintenant parvenir, seulement à l'aide de la sonde, à résoudre la plupart des questions que les recherches comportent. Mon intention n'est pas de décrire tous les détails de ces procédés, mais d'appeler l'attention de ceux qui exécutent les explorations sur les principales précautions qu'il est indispensable de prendre, et d'indiquer les moyens qui peuvent permettre de bien juger les terrains traversés, sous le rapport de leur âge, et même quelquefois de leurs allures.

Deux méthodes de sondage. On sait que les méthodes de sondage se réduisent à deux principales, qui sont :

1° La méthode des sondages à la tige ;

2° La méthode des sondages à la corde.

Je m'occuperai successivement des deux procédés; mais auparavant je dois dire quelques mots d'une opération qui leur est commune; je veux parler du tubage.

L'emploi des colonnes de garantie présente de grands avantages dans nos contrées, en permettant d'isoler et de soutenir les morts-terrains. Sans cette précaution, certaines assises, en se boursouflant, étrécissent et tendent à fermer le trou de sonde, ou bien elles présentent des éboulements qui entravent le sondage, et mélangent aux terrains dans lesquels on travaille des matières étrangères qui peuvent quelquefois gêner l'appréciation des roches.

Colonnes de garantie.

Les tubes que l'on emploie sont ordinairement en tôle d'une épaisseur qui varie suivant les dimensions de 0,005 (2 lig. $\frac{1}{4}$) à 0,003 (1 lig. $\frac{1}{2}$) pour des diamètres variant de **33** centimètres (12 pouces) à 17 centimètres (6 $\frac{1}{4}$ pouces). On peut avoir à descendre successivement plusieurs colonnes de garantie, et la pose de chacune étrécit le trou de 1 à 2 pouces, suivant l'habileté des ouvriers.

C'est d'après cette considération qu'il faut régler le diamètre primitif du sondage de manière à arriver dans les formations primordiales avec une ouverture de 0,15ᶜ environ. C'est là une dimension suffisante pour les différentes opérations dont je parlerai bientôt.

Dimensions à donner aux sondages.

Dans un terrain que l'on ne connaît point, et où l'on peut craindre d'avoir à descendre plusieurs lignes de tubes, par exemple dans les localités où la partie inférieure des morts-terrains renferme des assises sableuses, il est bon de commencer sur

un assez grand diamètre, sur 3o centimètres environ, ou même sur une plus grande ouverture.
Mais la plupart du temps, chez nous, on pourra
se contenter de 20 à 25 centimètres au plus (7 à 9
pouces).

SONDAGES A LA TIGE.

Tous ceux qui ont exécuté des sondages à une
grande profondeur savent combien d'accidents de
tous genres surviennent dans le travail, lorsque l'on
doit agir par percussion, par suite des réactions violentes que la ligne des tiges reçoit après chaque
choc, dès que cette ligne a acquis une certaine
longueur.

On sait que ces accidents ne se bornent pas à la
rupture des appareils, à la destruction des assemblages, mais que le trou de sonde se trouve constamment dégradé par suite des oscillations latérales de la ligne des tiges. Les colonnes de garantie
elles-mêmes sont déchirées à la longue.

Dispositions nou-
velles à donner aux
tiges.

M. d'Oeynhausen, conseiller supérieur des mines
en Prusse, vient heureusement de trouver le moyen
de remédier à ces inconvénients, par une disposition ingénieuse qui permet de supprimer la réaction du choc dans une grande partie de la ligne
des tiges, parce que cette partie, immédiatement
après le choc, cesse d'être en connexion avec l'outil.

Cette disposition sera employée avec un grand
avantage dans nos localités, où les sondages doivent
être poussés souvent à plus de 200 mètres.

Elle vient d'être décrite dans les *Annales des*
mines (11ᵉ livraison de 1839), où l'on pourra en
voir tous les détails et les résultats; mais, comme
ce recueil n'est point entre les mains de tous ceux
qui se livrent aux recherches, je dois indiquer

sommairement le procédé de M. d'Oeynhausen.

Il consiste à diviser la ligne totale des tiges en deux parties partiellement indépendantes, dont l'une, celle supérieure, s'allonge à mesure que le trou s'approfondit, et dont l'autre, liée à l'outil, n'a que la longueur nécessaire pour produire au fond du trou un choc convenable. Ces deux parties sont réunies par un petit appareil à tiroir composé de deux pièces, pouvant, entre certaines limites, jouer librement l'une dans l'autre dans le sens vertical, mais s'entraînant mutuellement dans les mouvements de rotation, par suite de la forme carrée du tiroir. Cet appareil est représenté avec détail dans les sept *figures* de la *Planche* II (1).

Lorsqu'on fait battre, la portion supérieure des tiges entraîne, dans la montée, celle inférieure qui est liée à l'outil; mais dès que la sonde a touché le fond, les deux portions glissent l'une sur l'autre, et celle supérieure se trouve suspendue et soustraite à la réaction du choc. D'ailleurs, la sonde ainsi disposée peut être employée pour forer à l'ordinaire.

L'appareil imaginé par M. d'Oeynhausen permet de réduire considérablement l'équarrissage d'une grande partie des tiges, et par conséquent de diminuer beaucoup la main-d'œuvre.

Par l'emploi de cet appareil, on ne sera plus exposé à dégrader comme autrefois le trou de sonde, mais ce n'est point une raison pour se dispenser de tuber. Car dans le sondage à la corde même qui ne présente pas les inconvénients signalés plus haut, on éprouve aussi très-souvent

---

(1) Cette planche est extraite de la notice de M. F. Le Play, insérée dans les *Annales des Mines*, 2e livraison de 1839.

dans nos localités des éboulements fort gênants ; mais comme les colonnes de garantie seront bien plus ménagées, elles pourront être plus facilement enlevées après le travail, et servir dans plusieurs explorations successsives. Le tubage entraînera donc de moindres dépenses.

Précautions à prendre dans l'emploi des outils pour l'appréciation des roches.

Tarières.

Dans les terrains tendres on emploie généralement la tarière ordinaire ou la tarière dite américaine. L'outil ramène au jour, dans sa partie supérieure, un mélange des matières nouvellement entamées, et des boues qui occupent le fond du trou de sonde ; ce n'est qu'à la mèche qu'on peut trouver, dans un état de pureté convenable, les détritus de la roche qu'on vient de traverser. Il faudra donc négliger le haut de la carotte pour ne considérer que l'extrémité inférieure appelée mouche par les ouvriers.

Il faut dire pour la houille ce que je viens de dire pour les autres roches en général. On croit souvent que, dans des sondages non tubés, la tarière ne peut ramener que des mélanges ; et comme il arrive quelquefois qu'on rencontre des matières d'une couleur foncée avec des paillettes de mica métalloïde qui, se détachant sur un fond presque noir, sont prises pour des parcelles brillantes de houille, on s'imagine que l'on est tombé sur une veine de combustible, et l'on attribue à un mélange de boues l'aspect terreux de la matière. C'est à tort ; l'extrémité de l'outil, à chaque voyage, pénètre dans le terrain vierge, et en ramène les détritus à l'état de pureté, même dans un sondage qui n'est point muni d'une colonne de garantie. Si donc on a rencontré une véritable couche de houille, lorsqu'on l'a entamée sur toute la surface du trou de sonde, c'est réellement du charbon qu'on ramène. La pous-

sière en est plus ou moins terreuse suivant sa
ténuité et suivant la pureté de la veine : mais on
reconnaît toujours la houille, et l'on peut même
en constater approximativement les propriétés.

Lorsqu'on opère avec le trépan, au contraire, *Trépan.*
on peut évidemment effectuer des mélanges ; mais
ces mélanges sont généralement moindres qu'on ne
croit, et avec de l'attention et de l'habitude, on
parvient à faire une sorte d'analyse mécanique des
matières remontées.

Il est bon de soumettre au lavage une partie des
carottes, pour isoler les parcelles plus ou moins
grosses de la roche qu'on traverse, et les examiner
avec soin. En lavant ainsi les matières ramenées
dans les différents voyages, on a une série de mélanges dans chacun desquels domine la roche entamée au voyage correspondant.

Il est important, du reste, pour qu'on puisse bien
apprécier les terrains, de pouvoir obtenir des frag-
ments assez volumineux. On peut y parvenir en *Moyen d'obtenir des fragments volumineux de roches.*
employant successivement un trépan à fourche et
un trépan ordinaire. Avec le premier outil on isole
au fond du trou de sonde un mamelon de roche
que l'on brise plus tard en quelques éclats. On
peut aussi commencer par employer un trépan
d'un petit diamètre ; en frappant ensuite sur les
bords du trou fait par ce premier trépan, on en
détache des fragments assez considérables.

Les veines de houille, même de houille sèche,
peuvent être traversées à la tarière ; et plusieurs
fois j'ai employé ce moyen. Dans certains cas, on
peut obtenir un charbon en grains assez gros, en
traversant successivement sur deux diamètres ;
mais généralement, en pleine veine, on obtient
avec le trépan un charbon plus net et dont on peut

mieux juger la qualité. J'indiquerai du reste plus tard le moyen d'obtenir une appréciation complète.

Moyen de juger la puissance des couches.

Quel que soit l'outil avec lequel on traverse une couche, on pourra, en prenant les précautions précédemment indiquées, déterminer assez exactement la hauteur sur laquelle on a traversé le charbon. On ne doit pas prendre, comme on le fait souvent, cette hauteur pour la puissance de la veine. Elle n'est même pas la portion de verticale comprise dans cette veine, mais bien la distance verticale qui existe entre le point où l'on a commencé à toucher le charbon, et celui où on l'a quitté; comme le fait voir la *figure* 1, *Planche* III.

Cette figure est une coupe du trou de sonde faite suivant le pendage des couches.

$m\,m'$, $n\,n'$ est la veine traversée;

a le point où l'on a entamé la veine;

b le point où on l'a quittée.

On voit que la donnée fournie immédiatement par le forage est la longueur $a\,f$, tandis que l'épaisseur de la veine est $a\,p$.

On pourrait déduire cette épaisseur de la longueur $a\,f$, si l'on connaissait l'inclinaison de la couche.

i étant cette inclinaison;

z la longueur $a\,f$;

ω l'angle que fait avec la verticale la ligne qui joint les points $a\,b$;

E l'épaisseur de la couche;

D le diamètre du trou de sonde;

on a évidemment :

$$E = z\,\frac{\cos.\,(i+\omega)}{\cos.\,\omega},$$

ou, en développant cos. $(i+\omega)$, et remarquant
que $tg\omega = \dfrac{D}{z}$,

on trouve la formule plus simple :

$$E = z\cos. i - D \sin. i.$$

Ceux qui sont étrangers au calcul pourront d'ailleurs obtenir graphiquement l'épaisseur par la construction suivante. (Voir la *figure 2*, *Planche* III.)

Sur une ligne horizontale, on portera une longueur bf égale au diamètre du trou.

Au point f, on élèvera une perpendiculaire fa, égale à la hauteur sur laquelle on a traversé le charbon.

Par le point b, on mènera une ligne bn, faisant avec l'horizontale bf un angle égal à l'inclinaison de la couche.

Enfin du point a on abaissera une perpendiculaire ap sur cette dernière ligne. La longueur de cette perpendiculaire sera l'épaisseur cherchée.

La seule donnée qui soit inconnue pour le calcul, ou pour la construction précédente, c'est l'inclinaison de la couche. Nous verrons plus tard le moyen de la déterminer.

Lorsqu'une veine est traversée, et qu'on veut en vérifier l'existence réelle, ou retrouver les points auxquels elle a été atteinte et laissée par la sonde; enfin, lorsqu'on veut constater la nature du terrain traversé à une profondeur donnée, on peut employer un élargisseur à oreilles semblable à ceux qui servent d'arrache-tuyaux, mais muni à sa partie inférieure d'une capsule destinée à recevoir les matières détachées des parois du trou. Les *figures* 3 et 4, *Planche* III, représentent un instrument de ce genre.

Moyen de retrouver les roches traversées.

Vérificateur ou élargisseur à oreilles.

On descend l'instrument à la profondeur à laquelle on doit faire une reconnaissance, en ayant soin de tourner légèrement les tiges en sens contraire du mouvement ordinaire, lorsque les oreilles s'engagent, afin de les fermer. Dès qu'on arrive au point convenable, au moyen de quelques mouvements saccadés, on fait ouvrir les ailerons, et lorsqu'ils sont engagés, on fait faire un tour entier à l'outil. La capsule ramène les détritus enlevés au terrain dans la section où l'on s'est arrêté.

S'il s'agit de retrouver le point où l'on a commencé à entamer le toit d'une veine, on conçoit qu'il suffit de faire quelques opérations semblables en remontant de 2 ou 3 centimètres à chaque voyage, jusqu'à ce qu'on cesse de trouver de la houille parmi les détritus ramenés.

On a exécuté des vérificateurs à capsule intérieure, dans le but d'éviter l'introduction de matières étrangères, et d'empêcher toute espèce de fraude de la part des ouvriers. La partie qui porte les ailes est un manchon creux qui se visse sur la capsule en couvercle de tabatière.

J'ai toujours trouvé des inconvénients dans l'emploi des vérificateurs de ce genre à godet profond. Pour que l'instrument occupe autant que possible toute la section du trou, de manière que les détritus ne tombent point à côté, et surtout, pour que l'ouverture de la capsule puisse être assez large, il faut donner au porte-ailerons un diamètre trop considérable. Les ailerons fermés ne présentent point assez de saillie, et l'outil fonctionne mal.

Les détritus qui s'introduisent dans l'instrument s'arrêtent d'ailleurs dans le porte-ailerons sans pénétrer dans la capsule : car cette partie de l'appareil, à la descente, se remplit de boues qui ne peuvent plus sortir lorsque l'outil est en opération, et le col toujours assez étroit est de suite engorgé. La capsule intérieure se trouve donc ordinairement inutile, et d'ailleurs, quand bien même elle pourrait recevoir convenablement les détritus, elle ne remplirait pas complétement le but proposé ; car les boues y pénètrent très-bien, et peut-être présente-t-elle encore moins de garantie contre la fraude qu'un vérificateur dont on peut voir toutes les parties à la descente.

D'après ces observations, qui résultent de l'expérience, voilà la disposition que l'on peut adopter (1) :

On conservera, pour porte-ailerons, des manchons creux, en ayant soin de donner aux gîtes des oreilles, des ouvertures suffisantes pour faciliter l'introduction des détritus. Les oreilles ou ailerons auront, à leur partie inférieure, une forme gauche de manière à ramener vers l'intérieur de l'instrument les détritus arrachés au terrain, en les empêchant de tomber à côté.

Le manchon sera ouvert à sa partie inférieure pour permettre le nettoyage ; mais, pendant l'opération, il sera fermé par un bouchon à vis présentant une face concave qui forme une sorte de godet peu profond. Il faudra d'ailleurs ménager des ouvertures à la partie supérieure du manchon pour la sortie des boues.

Avec ces dispositions on n'a pas besoin de donner au porte-ailerons un diamètre aussi considérable : les oreilles peuvent avoir un peu plus de

____

(1) Cette disposition a été adoptée par M. Hallette, d'Arras.

saillie sur le manchon, lorsqu'elles sont fermées, et l'outil fonctionne mieux. Toutes les parties de l'instrument se voient facilement, et l'expérience m'a appris d'ailleurs qu'on peut obtenir, dans l'intérieur de l'appareil, une matière assez pure.

Les *figures* 5, 6, 7, 8 et 9, *Planche III*, représentent les détails du vérificateur que je viens de décrire, pour un trou de 15 centimètres.

Les oreilles fermées présentent une saillie de 5 ou 6 millimètres sur le manchon, afin que par quelques mouvements saccadés on puisse les faire accrocher au terrain et ouvrir. Cette saillie est obtenue à l'aide de petites lames flexibles verticales, fixées à vis dans le manchon, contre lesquelles viennent s'appuyer les oreilles. Ces lames pourraient céder et laisser rentrer les oreilles, si un obstacle se rencontrait à la montée ou à la descente. Elles sont d'ailleurs très-peu saillantes, et leur mouvement est limité dans une petite ouverture rectangulaire pratiquée dans la fonte même, de sorte qu'elles ne sont point exposées à être brisées par suite de l'engorgement des matières dans l'instrument. La face extérieure des oreilles a d'ailleurs les arêtes supérieures et inférieures abattues, pour que ces oreilles puissent glisser, en rentrant, sur les obstacles qui viendraient à se présenter.

On peut se servir de vérificateur, même dans des trous d'un très-petit diamètre; j'en ai moi-même employé un avec succès dans un trou de 5 centimètres de diamètre.

L'outil était composé d'une tige de fer portant à son extrémité inférieure un aileron fixe. Sur cette tige était enfilé un cylindre excentrique, du diamètre du trou de sonde, qui pouvait cacher l'aileron, ou le laisser saillir en dehors, suivant qu'on tournait la tige d'une certaine quantité dans un sens ou dans l'autre, tout en laissant le cylindre immobile. Cette immobilité était obtenue évidemment dans le travail par le frottement contre les parois du trou. Un arrêt fixé sur la base inférieure du cylindre limitait d'ailleurs les mouvements relatifs des deux pièces; de sorte que, lorsqu'on avait fait rentrer ou saillir l'aileron par un mouvement en sens convenable, les choses restaient dans le même état, bien qu'on continuât le mouvement dans le même sens; parce qu'alors le cylindre était entraîné par l'aileron.

Cet outil était une sorte d'arrache-tuyau, il suffisait, pour en faire un vérificateur, d'adapter à la partie inférieure une petite feuille de tôle courbée en forme de godet. Ainsi disposé, il a pu me donner des résultats très-précis.

On conçoit qu'on pourrait employer un instrument du même genre pour des trous d'un plus grand diamètre. C'est un élargisseur très-simple et que l'on peut fabriquer partout. Le cylindre peut être fait en tôle ou même en bois.

Les *figures* 10, 11, 12, et 13, *Planche III*, représentent un appareil de ce genre pour un trou de 15 centimètres.

Le cylindre est formé d'une feuille de tôle fixée à vis sur deux fonds en fonte. La capsule également en tôle est suspendue à l'arrêt qui limite le mouvement de l'aileron. Cet arrêt peut être d'une seule pièce avec le fond inférieur du cylindre, ou attaché sur ce fond à l'aide de vis. Cet appareil sera toujours le plus simple et le plus convenable pour les trous de très-petit diamètre.

Il est convenable, pour qu'on se serve avantageusement des vérificateurs, que les trous de sonde soient munis de colonnes de garantie. Cependant j'ai pu moi-même, quoiqu'avec difficulté, en employer un dans un sondage qui n'était point tubé.

Pour obtenir des échantillons volumineux de roches, et en même temps pour déterminer l'inclinaison des couches, il faut se servir d'un emporte-pièce.

Depuis longtemps déjà on a imaginé des instruments de ce genre; mais ce n'est que depuis peu qu'on est parvenu a en tirer tout le parti possible.

L'emporte-pièce le plus ancien que je connaisse appartient à la compagnie d'Anzin. C'est un manchon en fer forgé, d'un diamètre un peu plus petit que le trou de sonde, et denté à son bord inférieur de manière à former une sorte de scie annulaire. Les faces antérieures des dents prolongées passeraient à une petite distance derrière l'axe; mais on pourrait leur donner telle direction que l'on voudrait, les diriger même suivant les plans diamétraux du manchon.

Les *figures* 14 et 15, *Planche III* représentent un emporte-pièce qui a été employé dans les recherches de houille du Boulonnais.

Les *figures* 16 et 17 représentent un autre emporte-pièce dû à M. Évrard, ingénieur civil et professeur de chimie à Valenciennes.

Il se compose d'un cylindre en fer forgé C sur lequel sont adaptés 4 lames pendantes *a a a a* terminées en biseau. Ces lames sont fixées à queue d'hyronde et maintenues par des vis.

On fore avec ces outils comme avec la tarière. L'effet qu'ils produisent est facile à concevoir. Les dents ou lames pratiquent au fond du trou de sonde une rainure circulaire qui isole dans le milieu un

petit cylindre de roche naturelle. Quand on opère
avec le dernier instrument les boues formées dans
l'opération se logent en partie entre les lames , en
partie au-dessus du cylindre découpé, en partie enfin
autour de l'appareil qui est un peu plus petit que le
trou de sonde. Lorsque l'outil est descendu à peu
près de la longueur des lames, il ne peut plus pénétrer plus avant, et l'opération du forage est terminée.
Alors au moyen de quelques mouvements saccadés,
on parvient à rompre vers la base l'échantillon
précédemment découpé , et cet échantillon est généralement remonté avec l'outil parce qu'il y reste
adhérent à l'aide des détritus de l'opération qui
forment un mastic très-compacte. S'il reste au fond
du trou, on peut l'aller chercher au moyen d'un
tire-bourre ou d'autres instruments.

On pourrait aussi, dans le cas où l'on ne serait
pas parvenu à le détacher du fond , employer une
cloche portant un aileron intérieur analogue à ceux
des élargisseurs et jouant de la même manière. Cet
aileron pourrait découper l'échantillon vers sa base,
et le maintenir dans l'intérieur de la cloche à la
montée.

Quand on opère avec l'emporte-pièce d'Anzin on
ferme le bas du manchon avant de le descendre ,
au moyen d'un petit morceau de toile destiné à
empêcher l'introduction des boues à la descente.
Dès le commencement de l'opération cette toile est
coupée par les dents, et l'outil fonctionne librement.
Les détritus se logent autour de l'emporte-pièce,
qui est plus petit que le trou de sonde.

Les deux instruments que je viens de décrire
donnent des résultats satisfaisants.

Dans ces derniers temps M. Hallette a construit
un emporte-pièce un peu différent de ceux que

je viens de décrire. Les *figures* 18 et 19 *Planche* III en donnent le dessin. Il consiste en un manchon creux présentant, suivant une de ses arêtes une ouverture rectangulaire sur le côté de laquelle est fixée la lame à biseau. Une autre ouverture pratiquée à la partie supérieure du manchon est destinée à la sortie des boues qui peuvent entrer ou se former dans l'intérieur de l'instrument.

Cet emporte-pièce repose donc sur le même principe que le précédent, mais voici où est la différence principale :

Un aileron caché dans la paroi latérale peut être poussé en dehors, pour faire saillie dans l'intérieur du manchon, au moyen d'une détente logée dans la même paroi, et dont la gachette se présente horizontalement au fond de l'instrument.

Lorsque l'outil a fonctionné assez longtemps pour que le haut de la carotte puisse atteindre cette gachette, la détente joue, et l'aileron poussé en dehors de la paroi découpe la carotte vers sa base; il la retient ensuite dans l'instrument à la montée.

Cette disposition est très-ingénieuse et très-satisfaisante en principe; mais on peut craindre que l'instrument ne puisse pas toujours fonctionner convenablement : car les détritus formés par le travail de l'outil, et les boues déposées au fond du trou de sonde se tassent d'une manière toute particulière dans les appareils; de sorte que la détente pourra jouer longtemps avant que la carote n'ait atteint la dimension sur laquelle on comptait. Le jeu de l'aileron pourra donc faire obstacle à l'effet de l'outil. Sans doute, pourtant, pourrait-on tirer un parti avantageux de l'emporte-pièce à détente dans un trou très-propre et en prenant quelques précautions pour éviter le tassement des détritus.

Cet appareil mérite d'être essayé. Les autres se recommandent par leur simplicité, la possibilité qu'ils présentent d'être fabriqués partout, et par les ouvriers les moins habiles, enfin par leurs bons effets qu'a constatés l'expérience.

On peut se servir avec avantage de l'emporte-pièce dans les schistes, dans les psammites-tendres; il est probable que cet instrument fonctionnerait également bien dans les calcaires compactes. Ces calcaires sont sans doute souvent aussi difficiles à entamer par percussion que les psammites durs; mais il ne faut pas perdre de vue que l'emporte-pièce agit comme une sorte de scie annulaire, et le marbre se laisse très-bien scier. Il faut seulement faire varier l'angle du biseau suivant la dureté du terrain, et pour cela on doit avoir différentes lames de rechange.

L'expérience m'a appris récemment, que l'emporte-pièce peut aussi être employé avec succès dans la houille, et il ramène des échantillons qui permettent de juger complétement les qualités du charbon. On pourrait, avec beaucoup de soin, traverser des couches entières à l'aide de cet instrument, et reconstruire en quelque sorte ces couches au jour.

Si l'on opère à la jonction de deux bancs diffé-rents de terrain, le cylindre ramené par l'outil présentera une section oblique, qui ne sera autre chose que le plan de contact des deux bancs, et l'inclinaison de cette section sur les arêtes du cy-lindre donne évidemment l'angle que font les

Moyen d'obtenir avec l'emporte-pièce l'inclinaison des couches.

couches avec la verticale, et par conséquent le complément de l'inclinaison.

Dans les roches feuilletées, on obtiendra d'une manière très-nette l'inclinaison des feuillets, et si ces feuillets étaient toujours parallèles à la stratification, on en conclurait l'inclinaison des couches elles-mêmes. Mais nous devons nous rappeler que le parallélisme qui existe bien généralement dans le terrain houiller, ne se présente pas toujours dans les formations arénacées plus anciennes. Il faudra donc se garder de conclure trop légèrement, lorsqu'on se trouvera dans ces formations, et ce sera toujours en opérant à la jonction des couches qu'on obtiendra les résultats les plus sûrs, même dans le terrain houiller.

C'est ainsi qu'en employant l'emporte-pièce dans une veine de houille, lorsque les outils atteindront le mur, on pourra déterminer d'une manière assez précise l'inclinaison de cette veine, au point où est situé le sondage, et obtenir la donnée nécessaire pour en calculer l'épaisseur.

Détermination du pendage des couches. On concevra aisément que l'on peut déterminer le sens du pendage en même temps que l'inclinaison, si l'on parvient à faire au fond du trou de sonde, avant de découper l'échantillon, une marque dont l'orientation soit connue. L'échantillon rapportera cette marque, et l'on pourra par conséquent l'orienter au jour, et reconnaître vers quel point de l'horizon plongent les joints de stratification.

Pour arriver à ce résultat, il faudra, après avoir dressé parfaitement le fond du trou de sonde, descendre un ciseau portant au taillant une brèche excentrique, et le faire battre légèrement, en s'assurant de son orientation. Cette opération demande quelques précautions délicates. On comprend en effet qu'il ne suffit pas d'avoir donné au ciseau une position déterminée avant de l'introduire dans le trou de sonde, et de le descendre en maintenant toujours du même côté la même face des tiges ; car cette face peut bien être gauche, et généralement elle le sera, par suite de torsions que les tiges auront éprouvées pendant le travail. Ces torsions ne seront point apparentes dans chaque tige en particulier, mais comme elles sont toutes dans le même sens, elles s'ajoutent pour donner une erreur qui peut être fort considérable, sur une grande longueur.

Voici le procédé que l'on pourra suivre pour arriver à une certaine précision (1) :

La première portion des tiges à laquelle est fixé l'outil étant suspendue au-dessus du trou de sonde, on placera sur l'emmanchement du haut une règle fourchue telle que celle représentée dans les *figures* 20 et 21, *Pl. III*, et on amènera cette règle dans le plan du ciseau, en la faisant tourner autour de l'emmanchement, et en mettant d'ailleurs une extrémité déterminée du côté de la brèche que porte le ciseau ; puis on descendra cette première portion des tiges, et on vissera la deuxième sans déranger la règle.

Sur l'emmanchement supérieur, on placera une fourchette semblable à la précédente, et on la fera tourner de manière à l'amener parallèlement à

---

(1) M. Evrard de Valenciennes a imaginé de faire une marque sur l'échantillon avant de le découper, et nous avons recherché de concert le moyen d'orienter cette marque d'une manière précise.

l'autre. On enlèvera alors la première règle pour
la reporter sur le troisième emmanchement, et ainsi
de suite. Il est clair que l'on aura constamment
ainsi sur la ligne des tiges, un repaire placé dans
le plan de l'outil. On pourra donc, au moment de
battre, amener cet outil dans une direction connue,
par exemple dans la direction nord-sud.

Pour établir le parallélisme des règles on pourra se servir d'un fil à plomb suspendu en un des
points de l'engin et sur lequel on amènera l'extrémité de ces règles. On pourrait aussi, si la disposition de l'engin permettait de se placer facilement
au-dessus du trou de sonde, mettre les règles dans
le même plan en les projetant l'une sur l'autre
d'une manière analogue à ce qui se pratique pour
dresser les surfaces.

Il est entendu que dans toutes ces opérations
il faudra avoir soin de placer constamment du
même côté la même extrémité du repère; par là
on aura bien toutes les circonstances d'orientation
du ciseau.

L'expérience a appris que la marque tracée
par l'outil se conserve assez nettement pour qu'on
puisse plus tard faire la détermination qu'on se
proposait.

Lorsqu'on opèrera dans des terrains feuilletés
dont les feuillets ne sont pas parallèles à la stratification, on pourra encore reconnaître le pendage
des couches d'après celui des joints de structure,
si l'on a su dans une observation préliminaire
constater la relation qui existe entre ces joints et
ceux de stratification.

Les expériences que je viens d'indiquer sont délicates; mais si l'on y apporte du soin, elles peuvent

être faites avec assez de précision. Il est clair du reste qu'elles ne donneront le pendage du terrain qu'au point où l'on a opéré.

Jusqu'ici on reconnaissait par sondage les allures d'une couche, au moyen de trois explorations non en ligne droite. On obtenait trois coordonnées verticales qui déterminaient la position du plan de cette couche; mais on supposait ainsi, ce qui n'est pas toujours vrai, que les couches sont en réalité tout à fait planes; on ne tenait pas compte des ondulations qu'elles présentent souvent : on pouvait par conséquent arriver à des résultats erronés.

Si l'on joint à l'exécution de plusieurs sondages les déterminations que je viens d'indiquer, on aura avec les coordonnées de plusieurs points de la surface de la couche, la position des plans tangents en ces points; on pourra donc se faire une idée plus exacte de cette surface. D'ailleurs on connaîtra approximativement les circonstances du gisement sur chaque point en particulier.

SONDAGE A LA CORDE.

Dans le sondage à la corde l'outil opère à la manière du trépan des sondages à la tige. Les observations que j'ai faites pour juger d'une manière convenable les carottes ramenées par ce genre d'outil doivent donc s'appliquer ici, et l'on devra employer autant que possible les appareils qui donnent les fragments les plus considérables lorsqu'il s'agira d'apprécier les terrains.

Je ferai du reste remarquer que dans des roches de dureté moyenne, les trépans annulaires qu'on

Outils ordinaires.

emploie souvent dans les sondages dont je m'occupe maintenant, ramènent des masses assez volumineuses. J'ai vu aussi ces trépans découper dans la houille des échantillons satisfaisants, présentant quelque analogie avec ceux que ramène l'emporte-pièce précédemment décrit. Mais il ne faut pas qu'on compte pouvoir obtenir à l'aide de ces échantillons l'inclinaison ni le pendage des couches. La détermination de ces circonstances de gisement ne peut être bien faite que par les moyens que j'ai indiqués en détail.

Élargisseur.　On peut dans les sondages à la corde, comme dans ceux à la tige, vérifier la nature des terrains traversés à différentes profondeurs.

On y parviendra au moyen d'un trépan à ressort comme celui que représentent les *fig.* 22, 23, 24 et 25, *Pl. III.*

Les ailes *a a a* de ce trépan, lorsqu'elles sont libres, s'écartent par l'action des ressorts à pistons *r*, et peuvent comprendre alors entre leurs tranchants un diamètre de quelques centimètres plus grand que celui du sondage. Si donc on parvient à introduire l'instrument dans un trou de sonde, et qu'on le fasse sonner légèrement, il dégradera les parois, et les détritus tomberont dans le godet *g* qui se trouve vissé à la partie inférieure.

Lorsque l'outil ne doit pas fonctionner, les ailes sont rentrées dans le manchon et maintenues par l'anneau *m m*.

Cet anneau porte une traverse *tt* qui peut jouer dans la coulisse verticale *c*, et dans cette traverse se trouve vissée une tige *p* traversant tout l'appareil, et se terminant par un bouton à sa partie inférieure.

On concevra facilement que si l'appareil est descendu jusqu'au fond du trou de sonde, et qu'on le laisse reposer sur la tige, ou même si on le fait sonner légèrement, l'anneau sera soulevé avec sa traverse, et les ailes devenues libres s'écarteront immédiatement. Le petit ressort z s'engagera d'ailleurs dans la rainure y et empêchera par conséquent l'anneau de redescendre.

On pourra remonter l'outil à la profondeur à laquelle doit être faite la reconnaissance : car dans ce mouvement ascensionnel les ailes glissent, sans obstacle, le long des parois du trou, et au contraire on ne peut donner à l'appareil le plus petit mouvement de haut en bas sans que ces ailes s'engagent dans le terrain. Lors donc qu'on sera arrivé au niveau convenable, il faudra faire sonner légèrement quelques coups, puis remonter l'outil.

Avec ce trépan on ne peut, comme avec le vérificateur des sondages à la tige, borner la reconnaissance à une section horizontale du trou de sonde; car à chaque oscillation, l'outil ne peut redescendre tout à fait au point de départ, et par conséquent, pendant l'expérience, il parcourt un petit espace vertical qu'on doit réduire autant que possible en sonnant avec précaution.

Cette observation doit faire comprendre qu'il faut toujours commencer un peu au-dessous du niveau qu'on veut explorer.

J'ai employé un outil de ce genre pour une expérience de reconnaissance que j'avais à faire dans un sondage à la corde du département du Nord. Cet outil avait été exécuté avec beaucoup de soin par M. Hallette d'Arras, et il m'a donné des résultats satisfaisants. L'appareil ne portait que deux ailes; j'ai reconnu qu'il était plus convenable d'en adapter trois, afin d'attaquer le terrain sur trois points à la fois dans chaque section. Il faut remarquer que l'outil ne peut tourner sur lui-même, et par conséquent chaque lame ne peut agir que sur un point.

Les *figures* 22, 23, 24 et 25, *Pl. III*, représentent un trépan à trois lames; elles offrent d'ailleurs quelques modifications légères au premier vérificateur construit chez M. Hallette. L'expérience conseillait ces modifications.

Il est clair que l'on pourrait se servir du trépan à ressort dans les sondages à la tige. En l'employant à la jonction de deux terrains différents, entre les points où la surface séparative de ces terrains coupe les parois opposées du trou de sonde, on pourrait, si on l'avait orienté par le moyen que j'ai précédemment indiqué, apprécier quelquefois approximativement le sens du pendage, d'après la nature des détritus correspondants à chaque aile.

Dans le sondage chinois au contraire, même lorsque les outils sont suspendus à l'aide d'une lanière métallique, on ne peut compter sur une orientation même grossière; car la lanière métallique, sur toute la longueur, peut offrir une torsion assez considérable.

Comparaison des deux procédés de sondage.

Le procédé des sondages à la corde peut être employé dans nos recherches aussi bien que celui des forages à la tige; il offre de grands avantages par la rapidité des manœuvres; mais en compensation il présente des inconvénients assez graves, à cause des difficultés qu'on éprouve souvent à réparer les accidents, à tel point qu'on est quelquefois obligé de monter un jeu de tiges pour y porter remède, et, l'année dernière, j'ai vu successivement deux sondages de ce genre abandonnés, les appareils restés au fond du trou.

Dans les forages à la tige, munis d'une colonne de garantie, il est bien rare qu'on ne puisse remédier à toutes les difficultés qui se présentent, et j'ai eu plusieurs fois occasion de voir des accidents très-graves réparés en plus ou moins de temps. Du reste l'emploi du procédé de M. d'Oeynhausen peut faire éviter ces accidents, et donner par conséquent toute sécurité. Il peut aussi, comme nous l'avons vu, diminuer notablement la main-d'œuvre. D'un autre côté les morts-terrains se traversent généralement avec une grande facilité, et en arrivant aux formations primordiales dans lesquelles seulement le procédé chinois aurait beaucoup plus d'avantage, on peut souvent avoir à reconnaître que l'exploration doit être reportée sur un autre point. Les sondages à la tige permettent d'ailleurs, dans ces dernières formations, de déterminer quelques-unes des circonstances du gisement des couches. Ils paraissent donc devoir être conseillés de préférence.

Le prix d'un équipage de sonde bien complet *Observations sur le* pourra coûter moyennement 11,000 francs, en *prix des sondages* employant le procédé de M. d'Oyenhausen, avec 225 mètres de tiges et un assortiment d'outils pour trois diamètres, y compris les rechanges convenables.

La colonne de garantie, pour isoler les morts-terrains, pourra coûter de 2000 à 3000 francs pour un diamètre de 0ᵐ,17 environ suivant l'épaisseur de ces morts-terrains.

On peut compter que la main-d'œuvre ne s'élèvera pas à plus de 6 à 8 mille francs dans les sondages dont les résultats seront négatifs, suivant la profondeur à laquelle se trouveront les formations anciennes; et souvent même elle sera moindre, si le travail est bien suivi, et si l'on sait s'arrêter à temps, en prenant les précautions convenables pour bien reconnaître les terrains, au lieu de marcher aveuglément comme on ne le fait que trop souvent.

On voit combien pourront être économiques ces explorations; puisqu'il suffira de deux ou trois équipages, et que l'exécution n'entraînera que des dépenses très-modiques.

Néanmoins, si elles sont faites avec méthode, comme je l'ai indiqué, et si l'on apporte dans les détails les soins et les précautions convenables, elles pourront donner souvent des résultats aussi satisfaisants que les puits, au moins quand les données seront négatives. Elles conduiront plus sûrement au but : parce qu'on n'hésitera pas à les multiplier autant qu'il sera nécessaire, tandis qu'on ne recommence pas une recherche par fosse quand les résultats ont été malheureux.

FIN.

TABLE ANALYTIQUE

DES MATIÈRES.

PREMIÈRE PARTIE.

CHAPITRE PREMIER.

CHAPITRE DEUXIÈME.

DEUXIÈME PARTIE.

CHAPITRE PREMIER.

CHAPITRE SECOND.

EXPLICATION DES PLANCHES.

PLANCHE 1.

Fig. 1. Coupe verticale montrant la relation générale des terrains horizontaux, ou morts-terrains, et des terrains primordiaux de sédiment, dans le nord de la France.
    aa. Morts-terrains.
    bb. Terrains primordiaux.

Fig. 2. Coupe verticale indiquant les relations de position des différentes formations de sédiment.
    hh.   Ligne horizontale.
    ppp. Formations primordiales de sédiment.
    g.   Formations du groupe du grès rouge.
    oo.   Formations du groupe oolitique.
    cc.   Formations du groupe crétacé (de la craie).
    T.   Terrain tertiaire inférieur.
    tt.   Formations des étages supérieurs du terrain tertiaire.
    dd.   Diluvium ou terrain de transport ancien.
    aa.   Formations d'alluvion.

Fig. 3. Coupe verticale présentant la constitution du sol de nos contrées avant le dépôt de la formation du *grès vert* (étage inférieur du groupe de la craie).
    i.   Formations secondaires inférieures.
    ss.   Surface du sol primordial.
    h.   Bassin houiller.
    ttt. Terrains de transition inférieurs au terrain houiller.
    m.   Point où aurait pu se déposer, sur les dernier terrains, un tourtia contenant des parcelles de houille.

Fig. 4. Coupe verticale de terrains montrant la possibilité de rencontrer accidentellement au-dessous de la craie quelque lambeau de formation du groupe oolitique, sans augmentation dans l'épaisseur du mort-terrain.
    cc. Étage supérieur du groupe de la craie.
    gv. Étage inférieur ou formation du grès vert.
    i. Lambeau de formation oolitique.
    pp. Formations primordiales de sédiment.

Fig. 5. Coupe verticale présentant la disposition des bassins dans lesquels les bords opposés inclinent dans le même sens.
    a. Terrain houiller,   } groupe carbonifère
    bb. Calcaire carbonifère, }
    c. Système arénacé et schisteux supérieur   } groupe si-
    dd. Système calcareux intermédiaire,   } lurien.
    ec. Système arénacé et schisteux inférieur, }
    ff. Terrain ardoisier,   groupe cambrien.

Fig. 6. Coupe horizontale présentant la disposition des terrains primordiaux par zônes symétriquement placées des deux côtés de l'axe du même bassin.

Les lettres ont la même signification que dans la figure précédente.

Fig. 7. Coupe verticale montrant que les différentes formations comprises dans le même bassin ne paraissent pas toujours toutes au jour des deux côtés du bassin.

Même observation que précédemment pour les lettres.

Fig. 8. Coupe horizontale présentant un exemple des étrécisse ments et des élargissements successifs que les zônes peuvent offrir.

Même observation que précédemment pour les lettres.

Fig. 9. Coupe verticale présentant la disposition des faisceaux houillers dans le terrain houiller de Mons.

aa. Charbon flenu,
bbb. Charbon dur,   } houilles bitumineuses.
ccc. Charbon de fine forge,
dd. Charbon sec,   houille non bitumineuse.

Fig. 10. Coupe horizontale présentant un exemple des crochets que les formations primordiales offrent quelquefois dans leurs allures.

La figure ne présente qu'un des bords d'un bassin,
hhh. Terrain houiller.
aaa. Calcaire carbonifère.
bbb. Assise supérieure du groupe silurien.
ccc. Assise moyenne,   *id*.
dd. Assise inférieure,   *id*.
ee. Terrains ardoisiers.

Fig. 11 et 12. Coupes verticales suivant les lignes *m m*, *u n*, de la figure 10.

Ces coupes présentent encore un exemple de ces renversements de couches par suite desquels le terrain houiller est recouvert par les formations plus anciennes.

PLANCHE II.

Détails de la disposition à donner aux tiges de sondes dans les sondages très-profonds.
Appareil de M. d'OEynhausen.

Fig. 1. Vue d'une portion de la ligne de sonde portant l'appareil *a b* de M. d'OEynhausen.

Fig. 2 et 3. Projections de l'appareil dans deux sens différents.
Fig. 4. Coupe longitudinale.
Fig. 5. Portion de la même coupe sur de plus grandes dimensions.
Fig. 6 Coupe sur X Y de la fig. 5.

Fig. 7. Même coupe, en supposant la tige pleine enlevée.

A. Portion supérieure de la ligne des tiges s'allongeant à mesure que le trou s'approfondit.

B. Portion inférieure de la même ligne, invariable et présentant seulement la longueur nécessaire pour que l'outil produise un choc convenable.

ab. Appareil de M. d'OEynhausen réunissant les deux portions A B au moyen d'assemblages à vis semblables à ceux du reste des tiges.

Il comprend les deux pièces *a f g, d e b,* qui peuvent jouer librement l'une dans l'autre dans le sens vertical. Le mouvement de la pièce *d e b* est limité dans l'espace *f g.* La partie de cette pièce comprise entre *c* et *d* est d'ailleurs carrée, et elle ne peut que glisser dans le trou carré *c* de la pièce *a f g;* en sorte que les deux parties de l'appareil s'entraînent mutuellement dans les mouvements de rotation.

Lorsqu'on fait battre, la portion B des tiges, à la montée, est suspendue en *g* par le patin *d,* et dès que la sonde en retombant a touché le fond, la portion A continue à descendre d'une quantité moindre que la distance *d f,* parce que les appareils de la manœuvre sont disposés à cet effet; de telle sorte que cette portion échappe à la réaction du choc.

PLANCHE III.

Fig. 1. Coupe verticale d'un trou de sonde pour le calcul de l'épaisseur des couches.

Fig. 2. Construction pour déterminer graphiquement l'épaisseur des couches.

Fig. 3 et 4. Coupe verticale et coupe horizontale d'un élargisseur ou vérificateur à capsule extérieure.

Fig. 3. Coupe suivant *n n* de la fig. 4.

Fig. 4. Coupe suivant *o o* de la fig. 3.

c. Cylindre en fer sur lequel sont adaptés les ailerons ou oreilles.

aa. Ailerons en acier.

xx. Axes des ailerons (ils sont terminés par un pas de vis pour être fixés dans le cylindre *c*).

g. Capsule ou godet enfilé sur la tige *t,* et fixé au moyen d'un écrou. La tige *t* est elle-même fixée au moyen de deux boulons sur l'appendice *m* du porte-aileron.

La figure 4 présente un aileron fermé et l'autre ouvert. Ces ailerons sont supprimés dans la fig. 3.

Fig. 5 à 9. Détails d'un vérificateur à godet intérieur.

Fig. 5. Coupe suivant *w w* de la fig. 6.

Fig. 6. Coupe suivant *u u* de la fig. 5.

Fig. 7. Vue de l'outil, l'aileron en avant

Fig. 8. Coupe de l'aileron suivant *m n* (fig. 6).

Fig. 9. Projection de la face intérieure de l'aileron.

    c. Porte-aileron en fer forgé.

    aa. Ailerons en acier.

    xx. Axes des ailerons fixés comme ceux du vérificateur à godet extérieur.

    g. Godet intérieur fixé à vis sur le porte-aileron. Ce godet en fonte est terminé à sa partie inférieure par un *carré*, pour être facilement vissé ou dévissé.

    oo Ouvertures pratiquées dans le porte-aileron pour la sortie des boues.

    rr. petits ressorts saillants d'un millimètre environ contre lesquels s'appuient les ailerons fermés.

        Ces ressorts, fixés à vis au fond d'une petite ouverture rectangulaire pratiquée dans le porte-aileron, ont leur mouvement limité dans cette ouverture.

        La coupe horizontale présente encore un aileron fermé et l'autre ouvert. On a supprimé ces ailerons sur la coupe verticale.

Fig 10 à 13. Détails d'un vérificateur à un seul aileron pouvant être employé dans des trous de cinq centimètres de diamètre seulement.

Fig. 10. Coupe verticale de l'outil.

Fig. 11. Coupe horizontale suivant *m n* de la fig. 10, représentant l'aileron saillant en dehors.

Fig. 12. Projection verticale de l'outil.

Fig. 13. Coupe horizontale représentant l'aileron caché.

    t. Tige portant l'aileron.

    a. Aileron adapté sur le carré *k* qui termine la tige, et maintenu par un écrou *e*.

    cc. Cylindre en tôle fixé par des vis sur les deux fonds en fonte *ff*.

    y. Arrêt limitant les mouvements de l'aileron (cet arrêt est fixé au moyen de vis sur le fond inférieur, ou bien est fondu d'une seule pièce avec ce fond).

    g. Capsule suspendue par la pièce *p* fixée sur l'arrêt *u*, au moyen des vis *v*.

Fig. 14 et 15. Projection verticale et projection horizontale d'un emporte-pièce de la compagnie d'Anzin.

    c. Manchon creux, armé à son bord inférieur de dents *dd*.

Fig. 16 et 17. Projection verticale et coupe d'un emporte-pièce à quatre lames (de M Evrard).

    La *fig.* 17 est une coupe horizontale suivant *mm*.

    c. Cylindre en fer forgé, sur lequel sont adaptées les quatre lames à biseau *a a a a*, assemblées à queue d'hironde, et fixées par des vis.

Fig. 18 et 19. Détails d'un emporte-pièce à détente (de M. Hallette).

Fig. 18. Coupe verticale suivant *nn* de la *fig.* 19, et projection verticale réunies.

Fig. 19. Coupe horizontale faite au-dessus de la gâchette en *mm* (une partie de cette coupe est supposée déchirée pour laisser voir une petite portion d'une coupe inférieure, présentant l'ouverture latérale de l'instrument et la lame). On n'a point mis de hachures sur cette portion de coupe pour la distinguer de la précédente.

     c. Cylindre en fer forgé offrant, suivant une de ses arêtes, une ouverture rectangulaire *k* (l'intérieur du cylindre est légèrement évasé par le haut).

     o. Ouverture pour la sortie des boues.

     l. Lame fixée au cylindre par un assemblage à grain d'orge maintenu par deux vis.

     a. Aileron poussé en dehors de la paroi intérieure du cylindre lorsque la détente est mise en jeu.

     d. Pièce destinée à chasser l'aileron *a*. Elle se meut dans une rainure verticale ménagée dans la paroi même de l'instrument.

     xx. Plaque fermant le gîte de la pièce *d*.

     g. Gâchette de la détente. Elle fait descendre la pièce ou détente *d*, lorsqu'elle est poussée de bas en haut.

     y. Axe autour duquel tourne la gâchette.

Fig. 20 et 21. Projection verticale et projection horizontale de la règle fourchue, servant à orienter les outils de reconnaissance.

     c. Emmanchement sur lequel se place la règle. Cette règle est composée de deux pièces *x* et *y*, réunies par de petits boulons.

Fig. 22 à 25. Détails d'un vérificateur de sondage à la corde.

Fig. 22. Projection verticale de l'instrument.

Fig. 23. Coupe horizontale sur *oo* de la *fig.* 24.

Fig. 24. Coupe verticale sur *ww* de la *fig.* 25.

Fig. 25. Coupe horizontale sur *nn* de la *fig.* 24.

     k. Porte-aileron en fer forgé.

     aaa. Ailerons.

     xxx. Axes des ailerons.

     mm. Anneau maintenant les ailerons fermés pour la descente.

     tt. Traverse fixée à l'anneau *mm*, pouvant monter et descendre dans la coulisse *c*.

     r. Ressorts à pistons ou à boudins, poussant les ailerons en dehors lorsque l'anneau est soulevé.

     p. Tige fixée dans la traverse *tt*, et terminée à sa partie inférieure par un bouton. Cette tige sert à soulever la traverse de l'anneau.

     z. Petit ressort qui s'engage dans la rainure *y* lorsque l'anneau est soulevé, afin que cet anneau ne puisse redescendre.

     g. Godet fixé à vis sur le porte-aileron.

FIN.

Coupes de Terrains.

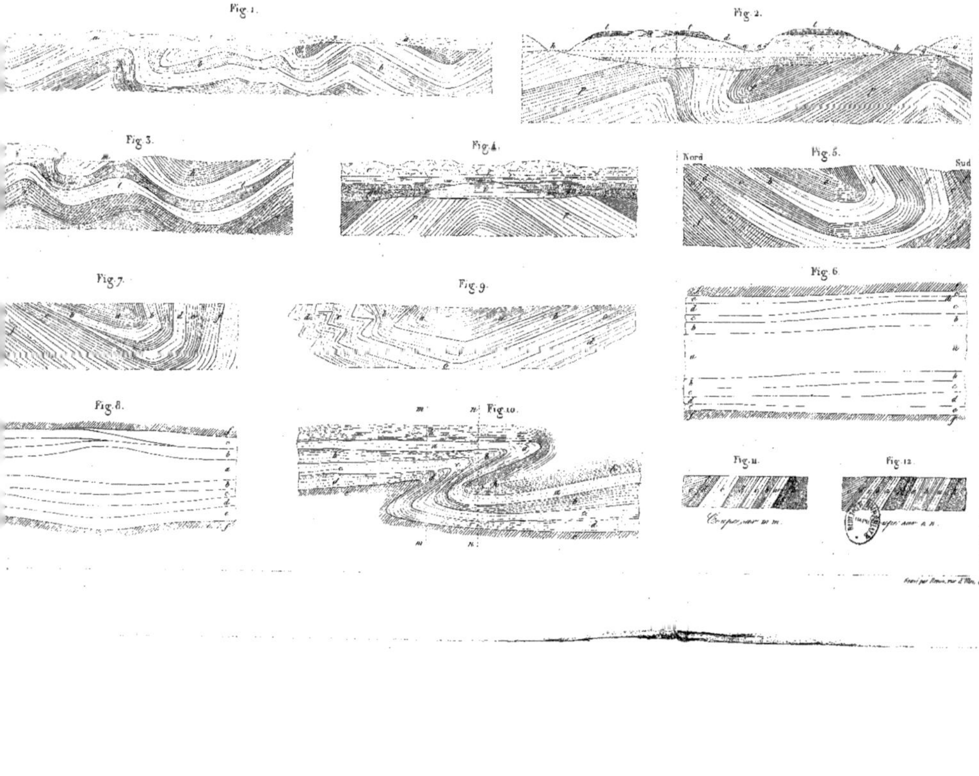

Fig. 1.

Fig. 2.

Fig. 3.

Fig. 4.

Nord   Fig. 5.   Sud

Fig. 7.

Fig. 9.

Fig. 6.

Fig. 8.

Fig. 10.

Fig. 11.   Fig. 12.

Disposition nouvelle des tiges de Sonde pour les forages très profonds.

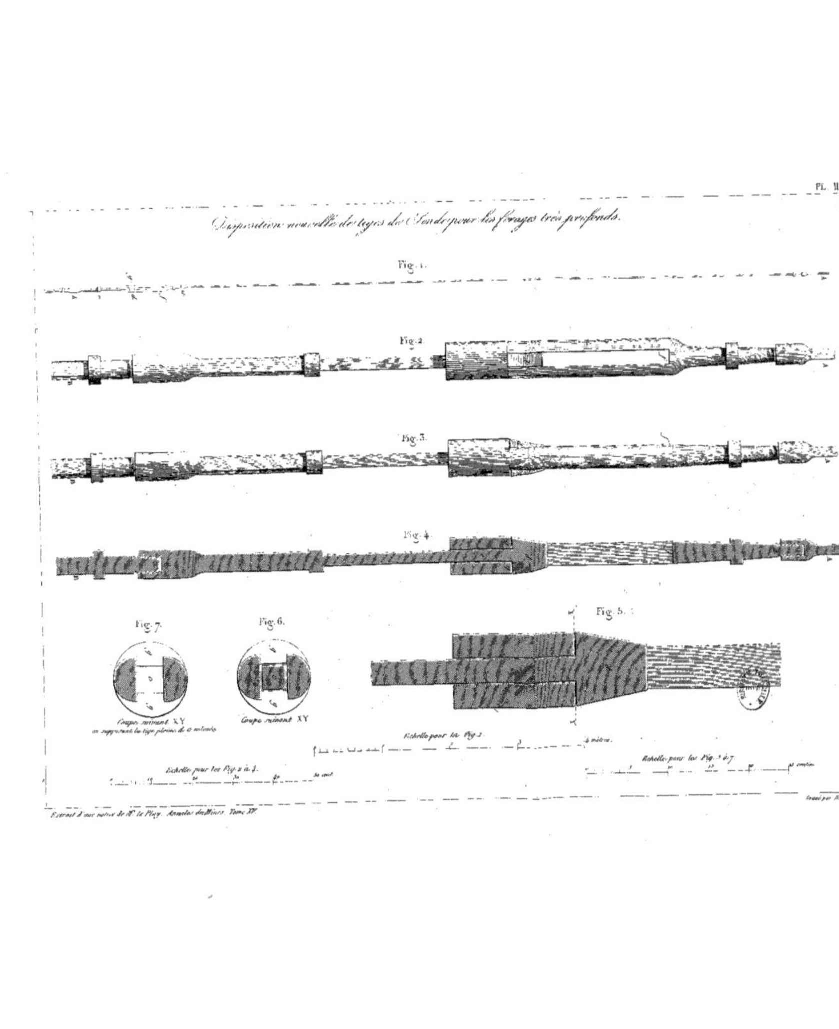

Extrait d'une notice de Mr. Le Play. Annales des Mines. Tome XV.

Gravé par Bance.

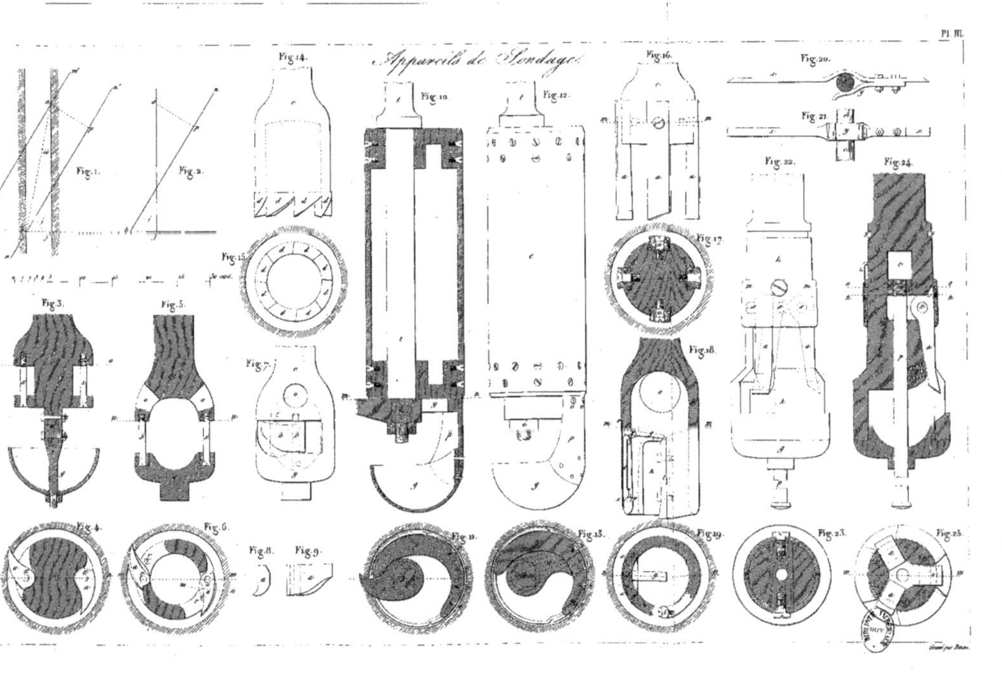

Pl. III.
Appareils de Sondage.
Fig.1.
Fig.2.
Fig.3.
Fig.4.
Fig.5.
Fig.6.
Fig.7.
Fig.8.
Fig.9.
Fig.10.
Fig.11.
Fig.12.
Fig.13.
Fig.14.
Fig.15.
Fig.16.
Fig.17.
Fig.18.
Fig.19.
Fig.20.
Fig.21.
Fig.22.
Fig.23.
Fig.24.
Fig.25.